知物
TO KNOW

环球科学新知丛书

The Rise of Humans

人类崛起

《环球科学》杂志社　编

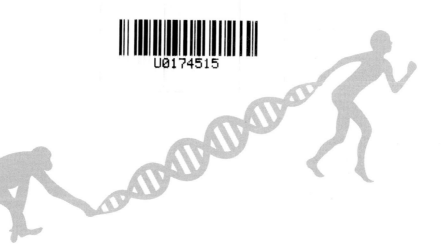

U0174515

机械工业出版社
CHINA MACHINE PRESS

我们是如何开始站立起来，迈开脚步的？我们是什么时候开始说话，建立社会的？人类的独特，正在于我们拥有复杂的心智、抽象推理、艺术表达和处理信息的能力，然而，我们到底从何演化成现在的样貌？本书融合多个学科前沿知识，将科学和历史编织在一起，综合各领域知识全面阐述地球上人类的发展历程，厘清相关研究中的各种疑点，从不同领域为我们讲述人类进行演化探索世界的完整故事。

　　本书汇集了科研一线的专家、世界一流的科学记者和科学作家，向我们揭秘人类是如何顺利通过大自然的层层考验，最终拥有了主宰世界的力量。

图书在版编目（CIP）数据

人类崛起 /《环球科学》杂志社编. — 北京：机械工业出版社，2023.4（2024.10重印）

（环球科学新知丛书）

ISBN 978-7-111-72680-7

Ⅰ.①人… Ⅱ.①环… Ⅲ.①人类进化–历史

Ⅳ.①Q981.1

中国国家版本馆CIP数据核字（2023）第031974号

机械工业出版社（北京市百万庄大街22号　邮政编码100037）

策划编辑：兰　梅　　　　责任编辑：兰　梅

责任校对：丁梦卓　王明欣　责任印制：张　博

三河市宏达印刷有限公司印刷

2024年10月第1版第2次印刷

148mm×210mm·7.75印张·144千字

标准书号：ISBN 978-7-111-72680-7

定价：59.00元

电话服务　　　　　　　　　网络服务

客服电话：010-88361066　　机 工 官 网：www.cmpbook.com

　　　　　010-88379833　　机 工 官 博：weibo.com/cmp1952

　　　　　010-68326294　　金 书 网：www.golden-book.com

封底无防伪标均为盗版　机工教育服务网：www.cmpedu.com

序

　　人类的起源与演化是永恒的重大学术命题和社会持续关注的热点。孩童们发出的第一个人生之问往往是"我是怎么来的？"，至此他们便开启了寻根问祖的人生之旅。从盘古开天辟地的民间传说，到《圣经》描述的上帝创世故事；从达尔文的进化论推理，到基于科学研究所建立的人类演化的历史框架，人类探索自己这个物种由来的努力一直没有停歇。直至今日，专业人员还在寻找、发掘相关证据并开展多学科的研究，社会各界也在不断抛出新的疑问和提出各种猜想。这些探索陆续发掘出人类起源过程的些许片段，揭示出人类演化机制的内因外果。这些猜想与论述本身，构成了人类知识和思想文化宝库的重要组成部分。

　　本书将为人类的知识与文化宝库贡献新的篇章。这是从《科学美国人》（*Scientific American*）等期刊中选译的一些对人类历史探索与重建的重要文章集成，汇聚了一些重要的考古材料和学术思想。它的体量不是很大，但涵盖面很广，从两足行走的机理，到遗传变异和基因的混合；从工具的制作与使用及对火的操控，到文化对人类自身和社会的塑造；从大脑的演化过程与机制，到语言的产生、发展；从洞穴壁画的绘制，到古老音乐的起源；从茹毛饮血和咀嚼粗纤维植食的餐饮，到吃面包、喝牛奶；从古老的衣饰残片到穿鞋对人类行走方式的影响；从人类智力的演化，到精神疾患的源头；从狩猎采集的生计模式，到农业的滥觞；从历史的古老、悠长，到过去与现在的有机链接。这些内容不是围绕特定的主题整体布局、环环相扣、抽丝剥茧，而是从某项发现、某点证据讲起，用一个个独立的故事串联起人类演化的历史纵横。

这些文章很多带有鲜活的历史场景，趣味性和画面感很强。它们会将读者带到肯尼亚图尔卡纳湖西岸的"洛麦奎3号"遗址寻找330万年前人类制作的粗犷石器，到东非的奥杜威峡谷去领略180万年前人类祖先足骨的特征，到南非卡图潘遗址体味50万年前被装柄投射使用的石器的杀伤力，到北非摩洛哥杰贝尔伊罗遗址瞻仰距今30多万年的早期现代人的遗骸，到西班牙卡斯蒂略洞穴欣赏4万多年前尼安德特人创作的红色盘状图像，到约旦"舒巴卡1号"遗址品尝1.4至1.1万年前用野生小麦、大麦面粉做成的面包，到波兰中部平原鉴赏7000年前的奶酪，到巴西塞拉达卡皮瓦拉国家公园观察野生卷尾猴使用石质工具砸开坚果的行为，到德国莱比锡的实验室和动物园观察人类孩童与猩猩的不同行为模式，甚至会引领读者进入人类大脑内部探究其复杂的结构，进到细胞体内查看神秘的"基因开关"。南方古猿、海德堡人、亚洲直立人、尼安德特人、丹尼索瓦人、佛罗勒斯人等古老、神秘并早已消失了的人群，都在本书中出现，在特定的历史场景中复活并述说着他们久远的生存故事。

这些文章是我国考古学界、古生物学界的一批学术新锐翻译并呈现给广大读者的。很多译者是我所在单位的同事、研究生。这些青年才俊具有厚实的学科功底、广博的科学兴趣和敏锐的学术洞察力，具有娴熟驾驭英语和中文的能力。他们能抽出时间、耗费精力把这些行业外人士不容易接触到和难以读懂的有关人类起源与演化的文章翻译出来，变成大众的知识和文化产品，表明他们怀揣着传播科学知识的责任感和使命感，具有奉献于社会的公益心和爱心。这在物欲横流、学术界普遍以发表能被西方学术界认可和被高频引用的文章为己任的当代社会，更是难能可贵，值得鼓励和提倡。

阅读《人类崛起》这本文集，还是感到些许的遗憾和不足。

该书对中华大地远古人类演化故事的讲述较少，期待未来的作者、译者和出版人能关注更多中国的材料，讲好远古人类演化的精彩故事，彰显华夏先民在人类演化历史进程中的地位、作用和对人类生存与发展的贡献。

高　星

2023 年 4 月

高星：中国科学院古脊椎动物与古人类研究所研究员，亚洲旧石器考古联合会荣誉主席。

目 录

第 1 章

成为现代人类

智人演化：多人种融合史？

———

凯特·王（Kate Wong）
马东东　译

在智人（*Homo sapiens*）起源之初，我们的祖先在一个与今天截然不同的环境中生存。不仅仅是因为当时的气候、海平面、植物或动物与今天存在很大差异，更重要的是，当时还有很多不同的人种和智人在地球上共存。

在智人起源的非洲，曾生活过大脑袋的海德堡人和小脑袋的纳勒迪人。在亚洲，有直立人（*Homo erectus*），有被称为丹尼索瓦人的神秘人群，以及之后的佛罗勒斯人——这是一个与霍比特人相似的人种，他们体型小但双脚很大。在欧洲和西亚，体型矮壮、眉弓粗大的尼安德特人曾是统治者。当时可能还出现过其他的人种，只是至今未被发现而已。

现有的证据表明，在距今 4 万年以前，智人是唯一的人种，也是曾经繁盛的人类大家庭中仅存的一支。然而，这一支人类是如何成为仅存的人类成员的？

长期以来，科学家一直倾向于一种简单的解释：智人起源的时间较晚，或多或少具有现今人类的形态特征，他们在非洲的某一个区域出现后，逐渐扩散到世界其他地区，并在迁徙的过程中代替了遇到的尼安德特人和其他古老型人类。聪明的新来者完全替代了世界各地的旧势力，他们之间并未发生任何种间的交流或血缘关系。智人取得统治地位的过程似乎不可阻挡。

然而随着人类化石、考古发现和 DNA 分析等证据增多，一些科学家开始反思这个假说。目前，智人起源的时间远早于之前的假设，起源地可能分布于非洲很多地区，而不只是其中的一个区域。智人的一些典型特征（包括大脑特征）也是逐渐演化形成的。此外，大量证据表明，智人在迁徙过程中与其他人种发生过融合，而这可能是我们成功繁衍至今的关键因素。这些证据对人类起源的描绘远比之前许多研究人员构想得复杂。

挑战传统猜想

按照传统观点，科学家在争论智人的起源问题时，主要有两种假说。一种是"非洲起源说"，主要支持者是古人类学家克里斯多夫·斯特林格（Christopher Stringer）等人。这个假说认为，智人在距今 20 万年左右起源于非洲东部或者南部，凭借天生的优势，智人逐步替代了全球各地的古老型人类，在替代过程中他们没有发生任何有实质意义的生殖交流。另一个是"多地区起源说"，由古人类学家米尔福德·沃尔波夫（Milford Wolpoff）、吴新智和之后的艾伦·索恩（Alan Thorne）提出，这个假说认为，现代人由旧大陆的尼安德特人和其他古老型人类演化而来，各地古老型人类通过迁徙和杂交的方式相联系。按照这个观点，智人有着更加久远的族系，可以追溯到 200 万年前。

21 世纪初，"非洲起源说"有大量的证据支持。对现代人类的 DNA 分析表明，现代人[⊖]的起源时间不早于 20 万年前。最早具有现代人特征的化石发现于埃塞俄比亚的奥默（Omo）和赫托（Herto）遗址，距今分别为 19.5 万年和 16 万年。在尼安德特人化石中提取的线粒体 DNA[⊖]的序列与现今人类的线粒体 DNA 序列完全不同，因此，科学家认为，智人替代了古老型人类，并且没有发生生殖交流。

但是，并不是所有的证据都支持"非洲起源说"。许多考古学家认为旧石器时代中期作为一个文化阶段的开始，预示着古人类开始像我们一样思考。在这个技术转变之前，旧大陆的古老型

⊖ 现代人：也被称为晚期智人。
⊖ 线粒体 DNA：线粒体上的微型环状遗传物质，与细胞核内的 DNA 遗传物质不同。——译者注

人类制造了许多类型大致相同的石质工具，它们被称为阿舍利技术（Acheulean style）。阿舍利技术会对一块大石料进行加工，砸掉无用的部分，直到将其塑造成理想的形状。这种技术主要用于生产重型手斧。在旧石器时代中期，我们的祖先采用了一种新的石器制作方式，与阿舍利技术不同，这时的古人类打制石器的程序主要是在石核上剥离小且锋利的石片。新的方法利用原料更有效率，但需要更复杂的计划能力。这个阶段，古人类开始将锋利的石片绑到木柄上，制作成木枪或者其他投掷类工具。部分在旧石器时代中期制造工具的古人类也制作了一些特殊的物品，它们通常可以和象征性的行为联系在一起。其中包括用作首饰的贝壳珠和用来作画的颜料。对语言等象征性行为的依赖，也被认为是现代人智慧的标志之一。

问题在于，最早的旧石器时代中期的遗址距今已超过25万年，而最早的智人化石距今不到20万年——旧石器时代中期技术出现的时间要比最早的智人化石早得多，那么这是否意味着，另一个人种创造了旧石器时代中期的技术？或者说，智人出现的时间实际上远比化石证据表明的要早得多？

2010年，另一件值得关注的事发生了。遗传学家宣布，他们在尼安德特人的化石中提取到细胞核DNA，并测定了DNA序列。细胞核DNA是遗传物质的主要组成部分。在对比了尼安德特人与现代人类的细胞核DNA后，科学家发现，除非洲地区以外，现代人类都携带着来自尼安德特人的 DNA，这表明智人和尼安德特人相遇的时候，确实发生了生殖融合，至少偶尔发生过。

在深入研究来自远古的基因组后，科学家确认了尼安德特人及其他古老型人类对现代人基因库的贡献。除此之外，与智人起源于距今 20 万年之内的观点相反，古 DNA 研究显示，尼安德特人和现代人从共同祖先分离的时间要比这个时间早很多，或许可以追溯到 50 万年前。如果真是这样，智人起源的时间可能比化石证据早 30 万年。

智人起源于更早的时代？

在摩洛哥杰贝尔依罗（Jebel Irhoud）遗址的发现，让人类化石、文化和基因证据表现出一致性，并为现代人起源的研究提供了一个新的视角。1961 年，挖掘重晶石矿的工人第一次在该遗址发现了距今约 4 万年前的尼安德特人化石。随着发掘和研究工作的不断深入，研究者修改了之前的观点。2017 年 6 月，德国马克斯 - 普朗克（以下简称"马普"）进化人类学研究所的简 - 雅克·胡步林（JeanJacques Hublin）和同事宣布，他们在该遗址发现了新的人类化石和旧石器时代中期的工具。通过两种不同的测年技术分析，他们认为遗址的"年龄"约 31.5 万年。研究者不仅发现了最早的智人踪迹和最早的旧石器时代中期文化遗址，还确定了它们的年限。这将智人起源的化石证据向前推进了 10 万年，并与最早的旧石器时代中期文化遗址联系在了一起。

并不是所有人都认同杰贝尔依罗遗址的人类化石属于智人。一些专家认为，他们或许来自智人的一个近亲。但是，如果胡步林和同事对化石的鉴定正确无误的话，区分智人与其他古老型人类的头骨特征并不是在智人起源之初就完全出现的，这与非洲起源说支持者的观点相左。例如，杰贝尔依罗遗址的人类化石与现代人一样，拥有较小面部，但却与古老型人类一样，拥有较长的颅骨。颅骨形状的不同反映了大脑结构的不同：与真正的现代人相比，杰贝尔依罗遗址的化石较为突出的特点是，处理感觉输入的顶叶较小，与语言和社会认知功能相关的小脑也较小。

杰贝尔依罗遗址也没有完全表现出旧石器时代中期的特点。非洲沙漠曾被广袤的草原覆盖，在那里生活的古人类曾打造了旧石器时代中期的石器工具，捕猎和屠宰过在草原上生活的瞪羚。他们使用过火，为自己烹饪食物或者是在深夜里驱寒。但是他们并没有留下任何有关象征性表达的痕迹。

总的来说，当时的智人并不比尼安德特人或者海德堡人聪明。如果穿越时空回到智人刚出现的时代，你不一定能得出智人肯定会获得成功的结论。德国马普人类历史科学研究所的考古学家迈克尔·佩德拉利亚（Michael Petraglia）说，在距今 30 万年左右，尽管早期智人有一些创新发明，但并没有出现规模较大、可以预示他们必定会成功的改变。在智人出现之初，任何人种都有可能在这场演化战争中胜出。

多地区起源

许多研究者认为，直到 10 万到 4 万年前左右，现代人才最终成型。那么，中间相隔的 20 多万年发生了什么事情，让智人从能力平平到具备了征服世界的力量？科学家试图研究早期智人群落的规模和结构在这转变中的作用。2019 年 7 月，牛津大学的考古学家埃诺莉·塞丽（Eleanor Scerri）和包括斯特林格在内的许多其他学科的科研人员一起在《演化与生态学进展》（*Trends in Ecology & Evolution*）上发表了一篇文章，充分阐释了他们的"智人非洲多地区起源论"。他们认为，那些最早期的智人成员的化石（包括来自摩洛哥杰贝尔依罗遗址的化石、埃塞俄比亚奥默和赫托遗址的化石，以及南非弗罗里斯巴的部分头骨），都与现代人的特征存在巨大的差别，所以部分研究人员认为这些化石属于不同的人种或者亚种。但塞丽说，"或许早期智人就是有奇怪的多样性"。她认为，也许研究智人的单一起源地，就像以前大多数学者所做的那样"徒劳无功"。

在塞丽和同事检查了包括化石、DNA 和考古学的最新数据后，他们意识到智人的起源不像是一个单一起源的故事，更有可能是广泛分布于非洲的现象。他们提出，现代人并非作为非洲单一区域中的小种群进化而来的，而是起源于非洲一个庞大的群体，然后分裂为无数的小群体，广泛分布于非洲大陆。因为距离和生态障碍（比如沙漠等），众多人群在一种半隔离的状态下生活了几千年。这种隔离使得每一个人群都在生物和技术上发展出自己的特殊技能，从而更好地适应各自所处的生态环境（比如干旱林地、热带稀树草原、热带雨林或者海岸等环境）。不同的人群之间偶尔会有接触，这些行为保证了基因和文化上的交流，帮助智人一代代演化下去。

气候变化是促使不同人群分裂和重组的重要因素。比如，古环境数据显示，非洲每 10 万年就会进入一个湿润的气候期，这将使生命禁区般的撒哈拉沙漠的植被和湖水大面积扩张。当撒哈拉变绿时，曾经被沙漠隔离的人群就有机会相互接触。当撒哈拉再次变成沙漠时，人群又会被分开，在一定时期内经历着各自的演化，直到下一次湿润气候的到来。

塞丽和合作者认为，一个人类群体被分为无数的群组并适应了各自的生态位后，不同群组之间偶然的迁徙与接触，不仅能够解释智人解剖学上与众不同的镶嵌式演化模式，还能解释旧石器时代中期技术的组合模式。在旧大陆各地出现的阿舍利技术有一定的相似性，而与阿舍利技术不同的是，旧石器中期石器显示出了很强的区域性变化。比如，在北非 13 万到 6 万年前的遗址中出现的石器，就包含一些带有独特柄的尖锐器物。在同一时期的非洲南部，这样的石器还没出现过。同样的，非洲南部遗址出土了由经过加热的石料制作成的细长叶状石器，加热的主要目的是让石料更容易断裂，但这些技术没有在北非的记录中出现。复杂的技术和象征性行为在整个非洲大陆变得越来越普遍，但是每个群体都有自己的特点，并根据他们各自的生态环境和习俗形成文化。

智人并不是唯一演化出较大的大脑和复杂行为的人类。胡步林表示，中国出土的人类化石（距今约 30 万到 5 万年前，他怀疑是丹尼索瓦人）显示出了脑容量在增大的现象。尼安德特人也在他们长期居住的区域内，发展出了复杂的工具、独特的象征性表达和社会关系。但是，纽约大学石溪分校的考古学家约翰·谢伊（John Shea）认为，这些行为并没有继续发展，没有像现代人一样变成生活方式的一部分。谢伊还认为，高级语言能力是智人繁盛强大的关键因素。

胡步林说："所有人群都朝着相同的方向演化，但是在认知能力、社会复杂性和繁衍上，现代人比其他人种更早一步跨越门槛。"他推测，在非洲这些跨越是在距今 5 万年左右实现的，这时智人已经成功完成了演化上的转变。经过非洲大陆的历练，智人已经能够在整个地球繁衍生息，势头无法阻挡。

人种融合

相对其他分支，不同人群在数千年间的分分合合，或许给了智人独特的优势，但这并不是我们崛起并占领世界的唯一因素。实际上，那些已经灭绝但和智人相似的古老型人类，也对我们的成功有所贡献，我们应该为此向他们说一声感谢。智人在非洲或非洲以外地区迁徙的过程中，遇到了很多古老型人类，他们不仅是我们的竞争对手，也是我们的朋友。今天的人类 DNA 中的信息就能证明这一点：尼安德特人为现代欧洲人贡献了 2% 的基因，丹尼索瓦人的基因在美拉尼西亚人（Melanesians）基因中占 5%。2019 年 3 月，由加利福尼亚大学洛杉矶分校的阿伦·杜瓦苏拉（Arun Durvasula）和史利南·圣卡拉曼（Sriram Sankararaman）领导的一项研究指出，西非约鲁巴（Yoruba）人近 8% 的基因可以追溯到一种未知的古老型人类（在非洲的古老型人类化石中，研究人员还没有发现任何一种可与之对比）。

在向全球进军时，来自古老型人类的部分基因或许会帮助智人适应各种新奇的气候。乔舒亚·阿基（Joshua Akey）是普林斯顿大学的基因学家，他和同事在研究现代人群中的尼安德特人基因序列时，发现其中有 15 个出现频率很高的基因，这是它们具备有益影响的标志。这些基因序列主要分为两个群组，其中一半影响免疫力。阿基认为，现代人扩散到新的环境时，他们会暴露在新的病原体中，通过杂交，他们可以获得尼安德特人的适应能力，这比独自与病原体战斗要好得多。

阿基团队发现，另一半在现代人群中出现频率较高的尼安德特人基因与皮肤有关，包括影响色素水平的基因。研究人员曾经提出，来自非洲的智人个体可能会通过黑色的皮肤保护自己免受紫外线的伤害。当他们进入纬度较高的地区时，就演化出了浅色的皮肤，从而获得充足的维生素 D（晒太阳有助于人体合成维生素 D）。来自尼安德特人的皮肤基因或许恰好可以帮助我们的祖先完成这项工作。

与适应了当地环境几千年的古老型人类杂交，或许可以帮助迁徙的智人更快适应当地新奇的环境，否则，智人必须等到自身基因突变发展出有利的基因并改变基因库后，才能有所行动。但是生殖交流并不是完全有益的，我们从尼安德特人身上获得的基因也带来了抑郁症和其他疾病。也许这些基因在以前是有利的，只是现代生活的方式使它们变成了问题。或者，智人在获得优势基因的同时，附带的这些疾病风险是可接受的代价。

古老型人类带给我们的或许不仅仅是 DNA 方面的贡献。研究人员认为，与不同的人群接触或许也会带来文化上的交流，从而促进创新。比如，尼安德特人长期生活在西欧，智人的到来让这两个群体都爆发了技术和艺术上的创新。以前，一些专家认为尼安德特人只是简单地模仿富有创造力的新来者，但现在的研究认为，也有可能是两个种群之间的交流引发了各自群体内文化上的大爆发。

从某种意义上来说，我们不必为智人与其他人种的生殖交流感到大惊小怪。南非开普敦大学的生物人类学家丽贝卡·罗杰斯·阿克曼（Rebecca Rogers Ackermann）说，"我们从许多动物身上认识到，杂交在演化中起着重要的作用。在部分情况下，杂交能创造具备新奇性状或者新奇组合性状的群体，甚至能创造出新的物种，使新的生命比上一辈更适合新的或者变化的环境"。人类的祖先也表现出了类似的模式：不同血统人群的融合，造就了我们今天更具适应性和可变性的人种。恰恰因为不同人群之间相互影响带来的变化，人类才能够繁荣昌盛。阿克曼说，"智人是人群之间复杂融合后的产物，没有相互融合，我们就不会成功地生存下来"。

人类演化史中的失落环节

菲利普·L. 雷诺（Philip L. Reno）
王　晨　译　　李　辉　审校

　　当我们逛动物园，仔细端详我们现存的近亲——猿类时，有两件事情确实让人感到奇怪：一是它们看起来如此像人类。黑猩猩、㺢猿（旧称倭黑猩猩）、红猩猩和大猩猩，它们那富有表情的脸和灵活的双手都与我们相似，让人不禁感叹大自然造物的神奇。二是这些灵长类动物显然又不属于人类。直立行走、更大且更聪明的大脑和一系列其他特质，将我们与它们鲜明地分隔开。那么，在演化过程中究竟发生了什么，让我们成为独一无二的人类？这些事情为什么会发生？又是怎么发生的？考古学家和演化生物学家苦苦探索了几十年，近些年，借助越来越成熟的现代基因技术，一些谜底终于浮出了水面。我们发现，使人类区别于这些近亲的重要的典型特征，并不像我们所预料的那样，来自于人类祖先后来获得的基因，而是由于我们失去了某些关键的DNA片段导致的。

为了寻找答案，包括我的实验室在内的研究团队，跨越时间的长河追溯这些消失的DNA，比较了人类与古人类甚至其他哺乳动物的基因组，这些古人类包括尼安德特人和人类更鲜为人知的表亲——丹尼索瓦人。从这些研究中我们得知，在距今大约800万年前，人类的世系与黑猩猩分道扬镳后，人类祖先的基因组丢失了一些可在发育期激活关键基因的DNA"开关"。尼安德特人和我们丢失了相同的DNA，这使我们清楚地意识到，在演化的道路上DNA片段丢失这个现象很早就发生了。

事实上，这些消失的DNA片段可以与典型的人类特征联系起来：更大的大脑、直立行走和与众不同的交配习性（在实验进程的最后阶段，我研究了数目惊人的灵长类动物的阴茎结构）。

丢失的 DNA 片段

我在美国肯特州立大学攻读博士学位的时候，第一次对人类演化产生了浓厚兴趣，那时我跟随著名的人类学家 C. 欧文·洛夫乔伊（C.Owen Lovejoy）研究那些已灭绝的人类近亲物种的骨骼，弄清楚其中的男女性别差异。博士毕业后，我打算继续从事相关工作，从基因和发育的角度来探究，到底是什么推动人类走上了一条不同寻常的演化道路。我非常幸运地得到了斯坦福大学戴维·金斯利（David Kingsley）教授提供的博士后职位，他正致力于研究我感兴趣的这类问题。

金斯利的实验室曾找到刺鱼演化过程中发生的一些DNA改变，比如淡水刺鱼丢失的一小段DNA，而正是这种变化，使得淡水刺鱼失去了多刺腹鳍。这段丢失的DNA片段包含一个开关，它可以在恰当的时间和部位，激活腹鳍硬棘发育相关的基因。

既然这个过程能在刺鱼中发生，会不会也在人类身上发生呢？我们认为这个假设是有道理的，也许正是一些与发育相关的基因在表达时间与表达部位上的细微改变，才让人类基因组演化成现在这个样子，让人体具有独特的解剖结构。

受到刺鱼的启发，我们满怀期待地猜想，在人类身上是否也可以找到演化过程中消失的重要开关呢？人类和猿类基因组序列已经测定完成，用来分析序列信息的计算机也有了，这让我们的实验有了可行性。于是，金斯利的实验室和斯坦福大学计算机科学家吉尔·贝禾热诺（Gill Bejerano）以及当时还在读研究生的柯瑞·麦克林（Cory McLean）组队，合作设计了这个实验。

寻找消失的开关序列并不容易，因为人类基因组浩如烟海，有32亿个碱基对，其中约有1亿个与黑猩猩不同。这个实验该如何进行呢？为了让大家更清楚地了解它的方法，我们有必要交代一些背景信息。

我们知道，在生物的基因组中，一些承担着重要使命的DNA在演化中会被精确地保存下来。我们也知道，两个物种之间的关系越近，它们的基因序列就越相似。例如，黑猩猩和人类的基因组中，编码蛋白质的序列（在基因组中占比不到 1%）有99% 相同，而不编码蛋白质的序列则有 96% 是相同的。

基因开关

我们对不编码蛋白质的区域产生了兴趣——这些从前被划分为"垃圾 DNA"的序列，现在却被认为是调控基因表达的元件。这些"开关"非常重要。尽管几乎所有的人类细胞都含有 2 万多个基因，但这些基因并不是在任何时间、任何部位都会表达。举个例子，构建大脑只需要特定基因参与，而调控骨骼或者头发等发育的可能是其他基因。如果忽略人与黑猩猩不同的地方，两者在身体构造上其实基本相似，所以我们的很多开关类序列与黑猩猩相似，这毫不奇怪。

我们关注的是那些不同之处，尤其是，我们想要找到那些演化过程中在其他动物身上保留（这表明那些序列十分重要），但在人类中不再出现的序列。为了完成这项工作，我们在计算基因组学方面的合作者首先比较了黑猩猩、猕猴和小鼠的基因组，并在这三个物种中精确地找到了几百个几乎没有改变的 DNA 片段，接下来就要在这些 DNA 片段中搜寻人类基因组中没有出现的片段，也就是在人类与黑猩猩世系分道扬镳后丢失的 DNA 片段。结果，我们找到了 500 多个。

选择哪些 DNA 片段进行研究呢？由于我们想找到可能改变了哺乳动物发育进程的基因开关，因此在研究过程中，我们将注意力集中在已知功能基因附近的缺失片段。我的一个同事研究的缺失片段位于一个调控神经细胞形成的基因附近，另一个同事研究的缺失片段则在涉及骨骼形成的基因附近。

因为我的兴趣是男性和女性在演化过程中身体结构的变化，所以我对雄性激素受体基因旁的丢失片段非常感兴趣。睾酮之类的雄性激素促进男性性特征的形成，它们在睾丸中产生，会随着血液循环到达全身。当它们遇到有雄性激素受体的细胞时，就会与之结合，然后让这些细胞朝着男性化发育，例如形成阴茎，而不是阴蒂，或者（在生长后期）长胡须、喉结增大进而形成低沉的声音。

我们首先需要弄清楚的是，那些消失的 DNA 片段是否含有基因开关。因此，我们从黑猩猩和小鼠的 DNA 中截取了这部分片段，并把它们与一个充当指示作用的基因连接起来——如果这个基因开始表达，细胞就会变蓝。做完这个步骤，我们把连接好的 DNA 注入小鼠的受精卵，然后看受精卵发育而成的胚胎是否有变蓝的部分（这可以告诉我们，那段已在人类中消失，但在小鼠等动物中还存在的 DNA 片段是否含有基因开关）；如果变蓝了，变蓝的部分又在哪个位置。

大脑、阴茎刺和触须

我得到的结果令人激动，这表明我在研究的确实是一个已在人类基因组中消失的基因开关，它能启动小鼠雄性激素受体的基因。我发现，在小鼠的胚胎中，生殖结节（genital tubercle，会发育成阴蒂或阴茎）变成了蓝色；发育中的乳腺和小鼠脸部上的斑点也变蓝了。那些斑点最后会长出触须，它们是小鼠的一种感受器。我们知道，这几个组织都可以产生雄性激素受体，对睾酮做出应答。经过更细致地观察后，我发现，生殖结节上的蓝色部分所在的位置，随后会成为小鼠阴茎上的蛋白突起（即阴茎刺）。

当然，人类没有触须和阴茎刺，但它们存在于小鼠、猴子和黑猩猩等很多哺乳动物中。我们还知道，睾酮的减少会导致雄性啮齿类动物触须缩短，让啮齿类和灵长类动物的阴茎刺缺失。如果前面提到的这段重要的 DNA 开关消失，那么触须和阴茎刺就会同时消失，这些组织也不再产生雄性激素受体。

与此同时，研究其他缺失片段的同事也都得到了可喜的结果。研究生亚历克斯·波伦（Alex Pollen）发现，在发育中的动物大脑的一些特定位置，他所研究的 DNA 片段能启动一个相邻的、与神经发育过程相关的基因。这个基因会参与一个关键过程：协助杀死在胚胎发育过程中多余的神经细胞。这一发现让我们产生了一个大胆的想法：人类大脑的体积远大于黑猩猩（人类大脑为 1400 立方厘米，而黑猩猩为 400 立方厘米），可能就是因为失去了这个开关，消除了人类大脑发育的限制，进而推动了演化。

同样，当时在我们实验室做博士后的瓦汉·B.因杰安（Vahan B. Indjeian）发现，他所研究的 DNA 开关会激活并影响后肢骨骼发育的基因，特别是脚趾。与猿类和小鼠相比，人类第二到第五根脚趾缩短，有助于直立行走。

我们可以很清楚地看到，影响大脑和骨骼发育的基因开关是如何塑造人类演化模式的。这两个基因开关同时缺失，帮助人类获得了独一无二的特征：更大的大脑和用双腿直立行走。失去触须就更好理解了，因为我们不再需要在黑暗中到处摸索、觅食、捕猎，而是在白天通过双手劳动获取食物。尽管触须确实变得不再重要了，但我们仍然不清楚，失去这些触须，对人类的演化有什么具体的好处。

基因启动和关闭

并非所有的人类基因在所有细胞、所有时间都处于激活状态。基因的开启或关闭，对身体不同部分的成长和发育至关重要。控制基因开启的那段 DNA 序列称为增强子（enhancer），一个基因也可能同时受到多个增强子的影响，这些增强子改变该基因在机体不同位置的作用。而有些增强子在其他动物中存在，却在人类基因组中丢失，这也许就是我们人类如此独特的原因。

增强子如何影响细胞

一个可以被三个增强子控制的基因，在肾脏细胞（a）和皮肤细胞（b）内会以不同的方式激活。肾脏细胞不产生增强子活化所需的转录因子，也不能利用一种重要的酶——RNA 聚合酶来读取 DNA 序列信息。而皮肤细胞则能够产生激活增强子的转录因子，转录因子激活的基因可以转录出一条 mRNA，用于向细胞传递基因的指令。

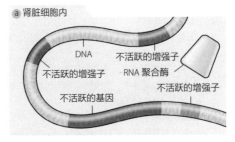

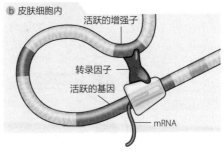

当增强子失去时

如果增强子丢失，在肾脏细胞（c）中的基因仍然不活跃，但是皮肤细胞（d）中原来活跃的基因会沉默，并且不能向细胞传达指令（在其他类型的细胞中，可被其他两种增强子影响的基因能继续处于活跃状态）。

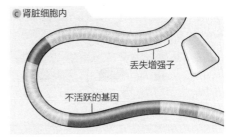

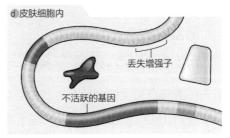

我们丢失的基因开关

不编码蛋白质的 DNA 也拥有其他功能，比如控制基因的开启或关闭。科学家比较了人类、黑猩猩、猕猴和小鼠中的几个开关序列，他们发现在其他动物的基因组中，这些开关还存在，但在人类演化过程中，这些开关消失了。有些 DNA 序列（三角形）存在于所有物种中，这表明这些序列对所有哺乳动物来说都是至关重要的；有些 DNA 序列（圆形）存在于灵长目动物中，而小鼠却没有，这暗示这些序列仅仅是灵长目动物所需的；很少一部分 DNA 序列（四边形）发生了特殊变化，这可能对人类的演化非常重要。还有一些序列（五边形）在除人类以外的所有物种中都存在，这些丢失的序列造就了人类与众不同的特点。

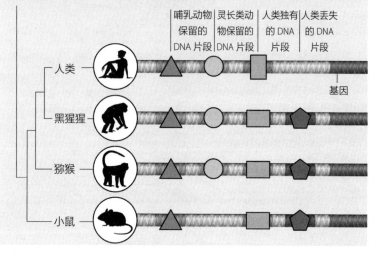

阴茎刺的消失

阴茎刺为什么会消失？原因更不是很清楚。但是，阴茎刺的消失可能具有更大的好处，也与人类适应环境变迁的过程非常吻合。我们认为，阴茎刺的消失，与其他一系列改变一同对人类的演化产生了深远的影响。这些变化改变了人类的交配方式、男性和女性的外貌、和他人的关系以及照顾子孙后代的方式。

阴茎刺与指甲的结构成分一样，由角蛋白构成，存在于众多哺乳动物中，包括灵长类、啮齿类、猫、蝙蝠和负鼠，从微小的锥形刺到大的倒刺，再到各种尖刺，有很多形式。根据物种的不同，阴茎刺有着不一样的作用：增强刺激感、诱导排卵、去除其他雄性留下的精液，或者刺激阴道壁，限制雌性与其他雄性交配的兴趣。

拥有阴茎刺的灵长类动物交配时间相当短，黑猩猩的交配时间通常不超过 10 秒。过往的一些实验表明，如果去除灵长类动物的阴茎刺，交配时间就可以延长 2/3。从这个观察结果中我们推测，与那些拥有阴茎刺的祖先相比，阴茎刺的消失是人类交配时间变长的众多原因之一，因此交配双方的关系可以更加亲密。这不仅是一件愉悦的事情，而且从演化的角度来看，这种变化对人类也是有利的。

我们的生殖方式不像任何一种猿类。在猿类群体中，雄性之间有着非常强烈的竞争关系。黑猩猩和僰猿的雄性会相互竞争，与尽量多的雌性交配，它们会产生大量的精液（黑猩猩的睾丸比人类的大 3 倍），有阴茎刺。它们还会像所有雄性的猿猴一样，用带有致命毒素的犬齿来对付竞争对手。生育之后，抚养后代的责任完全是雌性的，因此对于雌性来说，成功的交配意味着要做出重大的承诺——养育每个幼崽直到它们独立，并且要在完全断奶后，雌性才能进行下一次生产。

人类则不同。我们形成相当忠诚的配偶关系。男性经常参与抚养后代，女性也可以提前断奶，因此生殖率提高了。而且，男性之间的竞争关系也不再那么紧张。阴茎刺和其他与暴力竞争有关的特征（如有毒的犬齿）的消失，增进了两性之间的亲密感和同伴之间的合作关系。

洛夫乔伊提出，双足直立行走可能也是此类特征之一。早期人类男性最开始可能是通过搜捕蠕虫、昆虫和小型脊椎动物，来获取富含脂肪和蛋白质的食物，这就需要进行大量搜寻和搬运工作。在长途跋涉的过程中，男性需要空出双手搬运东西，靠双腿走路就成为一种最初的选择优势。

人类演化之路

人类和猿类还有更多的不同。共同抚养使得父母可以花更长的时间来养育后代，因此也延长了断奶后人类的青少年时期。这使下一代拥有更长的学习时间，让大脑的功能更强大，变得更聪明——事实上，这一点可能为人类大脑的演化创造了条件。

从这个意义上来说，我在文章里讲到的这三个已消失的基因彼此联系，互相影响。

加入金斯利实验室时，我并没有想到，我的研究工作会"风格突变"——自己居然会对着一本 20 世纪 40 年代的老旧教材，思考哺乳动物的生殖结构。接下来，我的实验室会继续研究生殖结构的遗传和发育变化，还会关注其他重要身体组织的变化，比如演化过程是如何改造我们的腕骨，让这个部位更加便于制造工具。

历史已经远去，无论多么渴望找到答案，很多事情我们可能永远也无法知道。但即使不能确切地说出某一个演化过程发生的原因，我们也可以凭借现代分子生物学技术，揭示其改变的过程。生物是如何一步一步演化的，这本身就是一个令人心驰神往的问题。

什么造就了人类独特的双足？

克里斯托·D. 蔻丝塔（Krystal D'Costa）
马 姣 译

　　双足让人类站起来了。足部的骨骼构成了人体所有骨骼的1/4，但直到现在，人类的化石记录中仍然难觅其踪迹。这令人沮丧，因为几百年来，人类双足的演化历史一直深深吸引着我们。这是二足直立行走（bipedalism）发展历史的关键阶段。理解我们人类的双足与其他猿类（包括其祖先种和现存类群）的区别，能为我们理解发生二足直立行走变化的必备条件，或者说这种特性本身，提供极为重要的线索。运动多样性的发展，是一个支持人类历史是镶嵌进化的典型案例，令"脚"（不仅是我们人类的脚）的故事大放异彩。

　　研究人员艾里森·麦克纳特（Ellison McNutt）及其同事最

近发表的一篇综述文章，梳理了关于人类足部演化历史的文献资料。爱德华·泰森（Edward Tyson）对人类自身的探索始于 1699 年，他对现代黑猩猩进行了解剖学研究，认为黑猩猩是四足动物，这意味着其附肢骨都可用作手。1863 年，托马斯·赫胥黎对比研究了大猩猩的足部，指出它们虽然也被倒置并具有抓地力，但其足部的肌肉与人类有一定的相似之处。1935 年解剖学教授达德利·莫顿（Dudley Morton）提出，现代人的足部是两种截然不同的转变的结果。首先，足部拥有了部分"类人猿"特质，具有更强的抓地力和柔韧性，以伸长的足中部为显著特点。在之后的阶段，足部的演化却偏离上一阶段的特征，不过大脚趾却还是保留了其"抓握"能力。

这些关于足部演化的理论都没错，但是我们需要化石证据来验证。1960 年利基（Leakey）领导的团队在奥杜威峡谷（Olduvai Gorge）发现了 OH 8，这极大地推动了我们对此的认识。OH 8 是指奥杜威古人类（Olduvai Hominid）8 号，其年代测定为距今约 180 万年。OH 8 在演化分类上属于能人（*Horno habios*），研究人员发现了其左侧的跗骨和跖骨，跗骨包含整个足面及通向脚趾的一系列骨头——但并不包含真正的脚趾。结合露西⊖的发现和拉多里（Laetoli）的足迹，OH 8 讲述了人类的足部是如何从树

⊖ 露西：1974 年研究人员在埃塞俄比亚发现的古人类骨骼化石。——编者注

栖黑猩猩的足部演变而来的故事。但在 1995 年，科学家们提出人类踝关节和脚跟（后足）的解剖结构早于人类的前足的演变，因为它保留了二足直立行走的特点。这一假说基于"小脚"的发现——一具在南非斯托克方丹（Sterkfontein）发现的几乎完整的南方古猿化石骨架，距今约 330 万年，有着相似的后脚特征。科学家们认为，南方古猿其实已经适应了二足直立行走，但是在特殊情况下，它们的脚也可以让这些人类的早期祖先在树上寻觅避风港。当我们把这些发现拼凑在一起，就可以清楚地看出，人类足部的演化史并不是线性的。足部的演化独立于人类演化过程中的其他进程，而且不同的物种有着不同的演化速度。

　　确凿无疑的一点是，现代人的足部不是从黑猩猩的足部演化而来的。虽然将现代人和黑猩猩拿来比较似乎合情合理，但是二者最后共同祖先的基因清楚地展示了两个属之间的分化，证明人类和黑猩猩演化出足部是为了适应各自生存的需求。二者足部之间最主要的差别在于灵活性。前者的足部适应于两足运动所需的蹬地能力。后者的脚则整体上具备更强的灵活性和抓握能力，使其既可以爬树，也能在地面四足行走。深入的解剖学分析表明，两者之间的许多差异都是围绕着足部的僵硬程度和灵活性这两个方面，因为粗壮和纤细的特征支撑着不同的肌肉组织和运动方式。比如，人类的大脚趾比黑猩猩的粗壮，且它与其他的脚趾排列整齐，这就能允许人类的脚离开地面。而黑猩猩的大脚趾不仅纤细，而且和其他脚趾向内弯曲，因此更适合于弯曲运动。一般来说，这些特征也适用于普通手指。在人类中，这些骨头更强健，可能有助于分散一部分推离的压力；而黑猩猩的这些骨骼则更长，弯曲度更高，因此具有更强的柔韧性。

黑猩猩的脚很可能包含一些衍生元素，这些元素能帮助其适应树栖生活。如果我们想解锁"祖先脚"，现代人的脚可能会提供一些线索。虽然尚未确定人类与黑猩猩最后的共同祖先是谁，但确实有一些非常古老的原始人类（hominid）化石，例如加泰罗尼亚皮尔劳尔猿（*Pierolapithecus catalaunicus*，有 1190 万年的历史）和古人种化石，类似地猿始祖种（*Ardipithecus ramidus*，有 440 万年的历史）。后者是目前发现的最古老的古人类化石，且保存了相对完整的足部。在这些古老程度处于首尾两端的化石和其他中新世的猿类之间，我们可以像莫顿（Morton）那样，提出有关其最后共同祖先的一些假说。我们可以预测，它所具有的纤细的特征，有助于抓握且具有灵活性。它本来可以倒转，但它可能演化出更坚硬粗壮的中足以进行地面活动。

从南方古猿到现代人属，脚趾的长度和曲率变低，脚踝及其相关联的肌肉组织减小，完整的弓足出现了。大脚趾与其他脚趾对齐排列，而不是向内弯曲，从而可以使双足蹬地行走更为有效。但也存在一些例外。例如，纳勒迪人（*Homo naledi*）的脚趾的弯曲度比整个人属都高；弗洛里奥人（*Homo floriensis*）的前脚很长，与倭黑猩猩最相似。这些变异并不罕见，现代类人猿（modern great apes）后跟骨骼的种间差异就很大。这些案例说明了足部演化历史和运动方式的多样性，随着时间的流逝，更多有关这些族群生活的详细线索可能会涌现出来。

人类足部的故事仍在发展。它是独特的，因为它最适合我们的双足运动风格。科学家在南方古猿足骨中发现的差异表明它们彼此之间的行走方式甚至也存在差异，这在当今的人类中也是如此：我们有不同的步幅和不同的落地方式。有些人的步伐更为有力，更不用说舞者的脚是如何随着多年的训练而改变的。人类穿鞋的习惯也增加了这个故事的复杂性。穿鞋的习惯不仅改变了我们的行走方式，也无疑塑造了我们足部的形态。我们甚至还需要考虑假肢和辅助性设施可能对人类足部的潜在影响。

这个故事并不完整，尽管历经数百年的探索，我们也仅仅只能得出一个相对而言的评估和总结，但这不影响它是人类演化中的最令人着迷的篇章。

第 2 章

使我们与众不同的特质

什么造就了人类独一无二的大脑?

艾莉森·艾伯特（Alison Abbott）
马　姣　译

　　神经学家发现人脑中有一块特殊的区域，它能给人类的思维赋予包括语言在内的独一无二的能力。当接收到不同类型的抽象信息时，人脑中的这片区域会处于活跃状态，而猴子就不会。

　　对抽象信息的加工整合激发了人类大脑许多独特能力，这种观点已经存在了几十年。《当代生物学》（*Current Biology*）曾发表了一篇论文，对人类和猕猴在听到简单声音时的大脑活动进行了直接对比，首次证实了人脑中可能存在加工整合信息的特殊区域。一些神经学家指出，虽然猴子和人类的大脑确实存在解剖学方面的差异，但是这远不足以解释人类处理抽象信息的能力究竟来源于何处。

纽约大学的神经学家盖瑞·马库斯（Gary Marcus）说，这个实验提供了有力的线索，让我们深刻地认识到我们的思维是多么的特殊。再也没有比了解人之所以为人更重要的事情了。

简单序列

在法国巴黎附近伊维特河畔吉夫的法国国家健康与医学研究院（INSERM）认知神经成像研究所，斯坦尼斯拉斯·德哈内（Stanislas Dehaene）领导的一个研究团队让未经训练的猴子和成年人听一系列简单的音调，并观察二者大脑中变化的不同模式。例如，三个相同的音调后接一个不同的音调（如著名的贝多芬第五交响曲四音开头：da-da-da-DAH）。

研究人员让受试者躺在功能性磁共振成像（fMRI）扫描仪上，并播放了几种不同序列的音乐，包括 AAAB 和其他序列。这一技术可以提取出大脑中局部活动相关的血流变化。

研究团队想知道这两个物种的受试者是否可以识别出这些序列的两个不同特征：音符总数——代表计数能力；音调重复的方式——代表识别这些代数模式类型的能力。

在第一种情况中，音符串可能会从 AAAB 变成 AAAAB，即基本组合模式保持不变，但音符的数量发生变化。第二种情况则正好相反：音调可能从 AAAB 变为 AAAA，但音符的数量保持不变。研究团队还观察了当两个序列特征同时发生变化时受试者的反应，例如从 AAAB 直接变为 AAAAAA。

激烈的反应

在猴子和人类的大脑中，当受试者识别出音调数量的变化时，功能性磁共振扫描仪显示大脑中与数字相关联的区域会活跃起来。两个物种都能在大脑的特定区域记录下重复模式，而这一特定区域在目前已知的人类和猴子大脑中都是相同的。但是，当序列的数量和顺序同时发生变化时，只有人脑会表现出独特的反应，以高度激活的形式显示出对该变化特有的反应。

马库斯说："猴子似乎能识别出这种模式，但并不会对此产生兴趣，也没有其他进一步的反应。只有人类可以将其上升到分析层面"。

人类大脑皮层中的额叶下回的面积不仅比猴子的大得多，而且，还有一块处理语言的布罗卡氏区。当德哈内的研究团队对人类受试者朗读句子时，每个人脑中被语言激活的区域与被音调序列激活的区域都有所重叠。

但是，对抽象信息的整合能力可能远比语言更为重要。维也纳大学的认知生物学家特库姆塞·费奇（Tecumseh Fitch）说："我们曾期待人类大脑中有用于整合信息的区域，而这种整合并处理信息的能力或许也与人类其他的特质有关，比如欣赏音乐等。

人类创造了人类

凯文·莱兰（Kevin Laland）
红　猪　译

　　这个星球上的大多数人都轻率地认为，人类是一种特殊的生物，和其他动物截然不同，虽然这个观点很大程度上没有任何科学依据。奇怪的是，那些最有资格评定这个观点的科学家，却常常不愿承认智人的独特性，也许他们是害怕这样会强化某些宗教教义中的人类特权论吧。但是，从生态学到认知心理学，许多领域积累的扎实的科学数据又证明了人类确实是一个非凡的物种。

　　人类的分布密度远远超出了我们这个体型动物的一般水平。我们在各种地理环境中生活，并控制着前所未有的能源和物质流动。毫无疑问，我们是有全球影响力的。如果再考虑我们的智力、沟通能力、获得知识和分享知识的能力，连同我们创造的辉煌的艺术、建筑和音乐作品，就会发现人类确实是一种迥然不同的动物。我们的文化似乎将我们从自然界中区分了出来，不过话说回来，人类文化也只能是自然演化的产物。

人类的认知能力是如何演化出来的？这种认知能力如何在文化中表现出来？目前尚无令人满意的科学解释，我把这个难题称为"达尔文的未竟乐章"（Darwin's Unfinished Symphony）。这是因为达尔文虽然在大约 150 年前就开创了这些研究，但是就像他自己承认的那样，他对于这些性状是如何演化出来的认识却是"不完善的""零碎的"。幸运的是，别的科学家正在努力完成他未竟的事业，研究者越来越强烈地感觉到，我们正在接近这个问题的答案。

人类的诸多成就来自我们从其他个体身上获得知识和技能的能力，这是研究人员正在达成的共识。在漫长的历史中，人类不断在已有知识宝库的基础上迭代并添加经验。这些共同的经验，使我们创造出了更加高效和多样的手段，来应对生活中的挑战。不是我们庞大的脑部、智力或语言给予了我们文化，而是文化创造了我们庞大的脑部、智力及语言。对人类和其他少数物种来说，是文化塑造了演化的进程。

"文化"这两个字会使人联想到时尚或者高档料理，但是究其科学本质，文化指的是一个群体中的成员依靠社会上传播的信息形成的共同行为模式。无论是汽车的设计、流行音乐的风格、科学理论，还是小型社会的觅食经验，这一切都是在无数次创新中演化形成的，它们从最初的基本知识出发，经过不断地增添细化才变成了今天的样子。永不停歇的模仿和创新，这正是我们这个物种成功的秘诀。

动物也会"创新"

通过将人类和其他动物相比较，科学家确定了人类的独特性、人类和其他物种共有的品质，以及特定的性状演化产生的时间。因此，要理解人类为什么如此特别，首先就是采取这种比较的观点，对其他动物的社会学习和创新行为考察一番，然后沿着这条思路探索，最终发现造就人类独特性的细微却关键的差别。

许多动物都会模仿其他个体的行为，并由此学会吃什么、怎么捕食、如何躲避捕食者，或是如何嚎叫和歌唱。一个著名的例子是，在非洲，不同种群的黑猩猩发展出了独特的工具使用传统。在每个种群里，年轻的黑猩猩都会模仿经验丰富的个体，学会自己种群特有的行为，它们有的会用石锤砸开坚果，有的会用树枝钓蚂蚁吃。但能够进行社会学习的，并不只有灵长类或脑容量较大的动物，甚至不局限于脊椎动物。有数千项试验研究证实了数百种哺乳动物、鸟类、鱼类和昆虫都会模仿其他个体的行为。甚至有试验显示，年轻的雌性果蝇在寻找配偶时，会选择年长的雌性已经选中过的那些雄性。

动物的许多种行为都是在社会中习得的。海豚有一种传统的觅食手段：从海绵中挤出海水将藏在海床上的鱼类冲刷出来。虎鲸也有一些捕猎海豹的传统方法，比如它们会一起向海豹快速游动，制造出一股巨浪将它们从浮冰上冲下来。就连鸡也会在社会学习中获得同类相食的习性。在动物之间传播的知识大部分和食物有关，比如什么可以吃、到哪里去找吃的，但其中也包括了一些非凡的社会习俗。比如哥斯达黎加的一群僧帽猴有一种奇异的习惯：它们把手指插进同类的眼窝或鼻孔，或者把手放进对方嘴里，它们坐在一起长久保持这个姿势，身体微微摇摆，研究者认为，这个习俗的目的是测试社会联系的强度。

动物也会"创新"。如果要我们说出一项创新，我们也许会想到亚历山大·弗莱明（Alexander Fleming）发明青霉素，或者蒂姆·伯纳斯-李（Tim Berners-Lee）发明万维网的故事。动物世界也有同等级别的创新，而且精彩程度绝不亚于人类。我最喜欢的是一只年轻黑猩猩"迈克"的例子。灵长类动物学家珍·古道尔（Jane Goodall）曾观察到它用两只空的煤油罐子撞击发出的噪声来取得统治地位。迈克靠这种噪声恐吓对手，在社会阶层中地位迅速上升，只用极短的时间就成为群体中的雄性首领。

另一个例子是日本小嘴乌鸦（carrion crow）借用汽车碾开坚果的行为。这种乌鸦爱吃核桃，但核桃的外壳太硬，用喙不可能啄开，于是它们想出了一种吃核桃肉的办法：它们将核桃放在路中间让汽车碾碎，然后等交通灯变红时回来享用美食。椋鸟有一个著名的爱好，就是用亮晶晶的物体装饰自己的巢穴。在美国弗吉尼亚州的弗雷德里克斯堡，有一群椋鸟想到了抢劫一家洗车店里的投币机，并成功抢走了价值数百美元的两毛五分硬币。

这些故事不仅仅是自然史中迷人的小片段。通过比较分析，我们在动物身上发现了社会学习和创新的有趣模式。这些发现中最重要的一项，是富有创意的物种和最善于模仿的动物都具有格外庞大的脑（从绝对大小和脑体比来看都是如此）。创新比率和脑部大小的相关性，最初是在一项鸟类研究中发现的，后来这项研究结论又在灵长类身上得到了验证。这类发现为一个名叫"文化驱动"的假说提供了证据——这个假说是加利福尼亚大学伯克利分校的生物化学家艾伦·C.威尔逊（Allan C. Wilson）在20世纪80年代首先提出的。

威尔逊指出，个体拥有了解决问题或者模仿创意的能力，就能在生存斗争中获得优势。而这些能力如果都有神经生物学的基础，那么自然选择就会偏向越来越大的脑部，这个过程如果不受遏制地发展下去，最终就会演化出巨大的脑部，并由此产生人类的无限创意和包罗万象的文化。

起初，科学家对威尔逊的主张相当怀疑：既然连果蝇那么一丁点大的脑也能很好地模仿，那为什么会有越来越多的模仿行为产生，并创造出灵长类动物那种大得不成比例的脑呢？这个疑问持续了很多年，直到在一个意料之外的地方出现了答案。

灵长类动物的智力分数

我曾和几位同事组织了一场"社会学习策略锦标赛"，目的是在一个复杂、变化的环境中发现最好的学习方法。我们设想了一个虚构的世界，其中的个体可以做出大量可能的行为，这些行为各有不同的回报，并且这些回报会随着时间而改变。参赛者要找出哪些行为可以带来最大的回报，并追踪这些回报的变化。在每一个节点，个体都要学习一种新的行为或做出一种之前学会的行为，它们的学习方法有两种，一是尝试和犯错，二是模仿其他个体。我们并没有亲自去解决这个难题，而是对问题做了描述，并制定了一组规则，然后邀请所有感兴趣的人来尝试解决它。所有的参赛者以软件代码的形式提交自己的行动方案，然后，我们让所有的方案在计算机模拟程序内竞争，最佳方案的提供者将获得1万欧元的奖金。比赛的结果有很强的指导意义。我们发现：一个方案的好坏和它是否规定个体应该参与社会学习之间有着很强的正相关。最终获胜的那个方案并不要求个体经常学习，但是在有必要学习的时候，个体几乎总是通过模仿来学习，而这种学习方法也总能做到精确和高效。

通过这场比赛，我们学会了如何理解社会学习和灵长类脑容量之间正相关的关系。比赛结果显示，自然选择并不会偏向越来越多的社会学习，而是偏向越来越好的社会学习。动物确实不需要一个大脑袋来更多地模仿，但它们需要一个大脑袋来更好地模仿。

循着这个思路，研究人员开始为文化驱动假说寻找实证依据。它也引出了一个新的观点，那就是自然选择应该会倾向于灵长类脑中那些能促进准确和高效模仿的解剖结构或功能。比如，它可能会偏好更精确的视知觉，因为那能使动物做到远距离模仿，或是模仿其他个体的精细动作。此外，自然选择还应该会倾向于增进脑部的知觉结构和运动结构之间的连接强度，因为这能帮助个体在看到其他个体展现某种技巧后，也以相应的身体动作模拟那种技巧。

同样，文化驱动假说还预测了自然选择对更好的社会学习能力的偏好，这种偏好应该会影响动物社会行为和生活经历的其他方面，包括群居生活和对工具的使用。其中的原理是群体的规模越大，个体之间相伴的时间就越多，有效社会学习的机会也就越多。通过模仿，猴子和猿学会了各种觅食技巧，其中有提取式觅食法（比如从树皮里挖出虫子），也有复杂的工具使用技术（比如用树枝钓出白蚁）。如果是社会学习使灵长类动物掌握了复杂却富有成效的取食方法，那么任何精通社会学习的物种就应该表现出高超的觅食和工具使用水平。如果它们有更多时间学习新技术，并将这些技术传给后代的话，它们应该拥有更丰富的食谱和更长的寿命。总之，文化驱动预言了社会学习的速度不仅和脑容量相关，也和许多关乎认知表现的指标相关。

严格的比较分析已经证实了这些预言。那些擅长社会学习和创新的灵长类动物，也正是食谱最多元、会提取式觅食法和使用工具，并表现出最复杂的社会行为的物种。实际上，统计分析指出不同的物种在这些能力上的表现高低不一，以至于我们可以把灵长类动物按照一般的认知表现排成一个序列，并把这种表现称为"灵长类智力"（primate intelligence），大致对应于人类的智商。

黑猩猩和红毛猩猩在所有这些指标上都很优秀，因此有着很高的灵长类智力，而有些夜间出没的原猴亚目物种在大多数指标上都很差劲，因此灵长类智力也较低。灵长类智力和脑容量以及灵长类在实验室中的学习与认知表现都有着很强的相关性，这说明这种智力度量是有效的。这也符合神经科学的分析结果——大脑中，各个组成部分的大小可以通过整体脑容量的大小预测出来。当灵长类演化出了大容量的脑部，面积更大、连接更好的新皮层和小脑也随之产生，从而能够实现对行为的执行控制，也增强了皮层向四肢中的运动神经元的投射，由此能够完成受大脑控制的精确动作。这个过程有助于我们理解，为什么脑容量较大的动物具有复杂的认知功能和工具使用的行为。

将各种灵长类动物的智力分数在灵长类的家谱上标出，就会发现高等智力是在四个不同的灵长类群体中独立演化出来的，它们分别是僧帽猴（capuchin）、猕猴（macaque）、狒狒（baboon）和类人猿（great ape），而这些物种都以社会学习和传统文化闻名。如果文化过程确实在驱动脑和认知的演化，那就正好应该出现这样的结果。研究者又用更可靠的数据和最新的统计方法开展了进一步分析，并再次证实了这些结论；还有的模型通过估算脑部的代谢成本（metabolic cost）对脑部和身体的大小做了定量预测，同样证实了上述结论。

文化驱动并不是灵长类脑部演化的唯一原因，饮食和社会性也是重要的因素，因为吃水果的灵长类和那些生活在大型复杂群体中的灵长类都具有庞大的脑部。但是我们很容易得出一个结论：某些灵长类之所以演化出了高超的智力和较长的寿命，是因为它们的文化能力使它们获得其他灵长类难以获得的优质食物资源，而这些食物的营养又支撑了脑部的发育。脑部是十分耗能的器官，动物要想收集必要的资源、高效地滋养并维持大容量的脑部，就必须将社会学习作为第一要务。

基因 - 文化协同演化

那么，为什么其他灵长类动物就没有像我们这样复杂的文化呢？为什么黑猩猩就没有为基因组测序，或是造出火箭呢？数学理论为我们提供了部分答案。这个问题的关键是，信息从一个物种成员传输到另一个的保真度（fidelity），或者说习得的信息在传送者和接受者之间传播的精确性。一个物种文化储备的体量，以及它的文化特征在种群中延续的时长，两者都会随着保真度的升高而呈指数式增加。一旦到达某个阈值，文化的复杂性和多样性就开始上升。如果没有准确的传输，文化的积累就不可能延续。但是一旦突破了阈值，那么即使是最微小的发明和优化也会很快引起巨大的文化变革。在现存的物种中，人类是唯一突破了这个阈值的动物。

我们的祖先通过教育实现了文化的高保真传输，而教育就是促进学生学习的行为。虽然模仿在自然界中广泛存在，教育却十分罕见，而在人类社会中，教育是普遍存在的——一旦我们认清了它的诸多微妙形式，就会承认这一点。有几项数学分析研究提出，一个物种要演化出教育行为就必须符合几个严格的条件，但文化积累能使这些条件放宽。这些数学模型显示，教育和文化积累在我们的祖先中是协同演化的，这些行为在地球的生命史上创造了一个特殊的物种，物种成员会教导自己的亲属学习广泛的技能，他们或许还通过有目的的"刻意练习"巩固这些技能。

人科成员（hominins，人类和其他已灭绝的人类近亲）对于文化知识的教育，包括如何觅食和加工食物、学会嚎叫、制造工具等，都为语言的出现打好了铺垫。为什么只有人类的祖先演化出了语言，这是一个巨大的未解之谜。有一种可能是，人类演化出语言是为了降低信息传输的成本，增加教育的准确性，并扩大教育的范围。人类的语言也许是独一无二的，至少就现存的物种来看是如此，因为只有人类建构出了一个丰富而有活力的文化世界，需要依靠语言来表述。这个解释的优势在于，它说明了语言的许多特有属性，包括明确性（distinctiveness）、概括力和人类学习语言的原因。

语言发端于几个少数的通用符号。原始语言一旦产生，它就对人科成员的脑部和语言本身施加了选择，最终，只有那些具备语言学习技能的脑部、便于学习的语言才能保留下来。我们祖先的文化活动对他们的身体和心灵施加了选择，这个称为"基因－文化协同演化"的过程已经得到了证据的有力支持。理论的、人类学的和基因组的分析都指出，在社会中传播的知识，包括那些在工具的制造和使用中表现出来的知识，会引发自然选择，导致人类的体格和认知发生改变。这种演化反馈塑造了现代人的思维，从中也演化出了一种人类心理，促使人们开始有动机去教导、言说、模仿、追赶，以及理解他人的目标和意图，也增强了人的学习和运算能力。这些能力都随着文化的积累而演化，因为它们增强了信息传输的保真度。

教育和语言完全改变了我们这个物种的演化道路。人类社会之所以会出现大规模合作的现象，就是因为我们具有独特而强大的社会学习和教育能力，这一点已经为理论和实验数据所证实。

文化带着人类种群走上了一条全新的演化之路，它一方面促成了我们在其他动物身上观察到的那些合作机制（比如互助互惠），另一方面也产生了别处不曾见到的新的合作机制。事实证明，文化的群体选择，也就是那些有助于群体成员相互协作并与其他群体竞争的做法（比如成立军队、建造灌溉系统），能让群体变得更为强大，这些做法也因此被广泛传播。

文化给予了祖先获取食物和生存的技巧，随着每一种新发明的出现，种群就可以更加高效地探索环境。这不仅造成了脑容量的扩展，也引起了人口的增加。人口数量和社会复杂性的提升，是在我们驯化了植物和动物之后开始的。农耕将社会从狩猎采集生活的约束中解放出来，人类不再居无定所，从此人口开始增加，并创造新的技术。

随着约束的消失，农业社会开始繁荣起来，一方面是因为农业社会能在相同的土地上产出更多粮食，生产承载力比狩猎采集时期更加强大；另一方面也是因为农耕引发了大量与之相关的发明，从而大大改变了人类社会。农业产量的增加支撑起更大的社会，在那里有益的创新更容易传播和保留。农业掀起了一场革命，它不仅促成了相关技术的发明，比如犁地技术和灌溉技术，也孕育了前所未有的新生事物，比如轮子、城邦和宗教。

一幅人类认知的演化图景渐渐浮现出来，它表明，我们很大程度上是自己创造的生物。人类有许多显著的特征，比如我们的智力、创意、语言，以及在生态和人口上的成功，它们要么是对祖先文化活动的演化适应，要么是这些适应的直接产物。就我们这个物种的演化而言，文化的遗传和基因的遗传同样重要。

我们很容易把自然选择促成的演化想象成这样一个过程：因为外部环境发生了变化，比如有了新的捕食者、气候或疾病，生物的性状也随之改进。然而，人类的演化却并没有这么直截了当。相反，我们的种种心智能力都是在一个纠结互联的过程中产生的，我们的祖先在这个过程中不断地构造生态位（也就是他们的身体和社会环境的不同方面），这些生态位反过来又对他们的身体和心灵施加选择，如此循环往复，永不止歇。

科学家现在已经明白，人类和其他灵长类动物的差异，体现的是人科动物一脉独有的多样化反馈机制。就像一场自我维持的化学反应，人类的演化不可遏制地驱使着人类的认知和文化不断向前。人类无疑是生命演化树上的一分子，但是人类的思考、学习、沟通和支配环境的能力，却使我们和其他一切动物都有了真正的区别。

来自外星人的访问

想象有一种外星智慧生物正在研究地球生物圈。在地球的所有物种中，哪一种在他们眼里会显得与众不同？答案就是人类，下面是几条理由：

人口规模：人类的数量和全球脊椎动物的种群规模很不相称。相对于我们这样大小的哺乳动物的一般数量，人类的实际数量要多出了好几个数量级。

生态分布：我们的分布也异常广泛。几乎在地球表面的所有区域，都有人类居住。

资源控制：人类掌控着庞大而多样的能量和物质资源，规模前所未有。

影响全球：人类活动的威胁正将大量物种逼到灭绝的境地，同时也在生物圈内诱发了剧烈的演化变革。

认知、沟通和智力：实验表明，人类在各种学习和认知测试中均有高超的表现。人类的语言不同于其他动物的沟通体系，具有无限的灵活性。

知识的获得与分享：人类获得、分享和储存着大量知识，规模之大前所未有。随着代际更替，人类还在前人积累的文化知识上不断添加新的内容。

技术：人类发明和批量生产的器物远比其他动物复杂多样。

这些外星人或许会对大象的鼻子着迷，对长颈鹿的脖子感到惊叹，但他们最终挑选的只会是人类。

最具侵略性的物种

柯蒂斯·W. 马里恩（Curtis W. Marean）
马　姣　译

在距今大约 7 万年以前，智人离开非洲，开启了势不可挡的征服全球之旅。此时，其他人种早已在欧洲和亚洲立足，但只有我们的智人祖先最终成功占领了地球上主要的陆地和岛屿群。历史上没有任何平平无奇的征程。智人所到之处，随之而来的即是生态环境的剧变。他们遇到的那些古老型人类灭绝了，其命运正如其他不计其数的动物。毫无疑问，这是地球历史上所发生过的最重要的迁徙事件。

古人类学家一直都在争论现代人是如何又因何独自实现了这一征服全球并获得统治地位的壮举。一些学者认为，现代人的脑容量更大，大脑内部结构更复杂，这种演化特点使我们的祖先能够进入新大陆并成功应对在这一过程中面临的诸多陌生挑战。另一些学者则主张，技术创新是驱动现代人走出非洲向外扩散的主要原因，技术进步使现代人能以前所未有的效率去捕获猎物并防御外敌。还有一些学者则认为，气候变化削弱了生活于非洲之外的尼安德特人和其他古老型人类的势力，从而使现代人攻占了他们原有的领地。然而，这三种假说中没有任何一种可以提供一个全面的理论，去解释现代人到达的所有疆域。这些理论大多是在解释现代人在某些特定地区的活动记录时所提出的（如西欧）。碎片化地研究现代人在全球范围内的扩张误导了很多科学家。现代人这场伟大的征程是一个包含很多阶段的事件，因此要将其作为一个单独的课题加以探索。

在过去的 16 年中，我在南非南部海岸的平纳克尔（Pinnacle Point）主持的考古发掘，通过生物学和社会科学中的前沿理论方法，勾勒出了现代人是如何征服地球的全新图景。我认为现代人的扩散发生在一个新的社会行为演变出来之后，这是一种不相关的个体之间进行合作的遗传基因偏好。这种独特的偏好与我们现代人祖先的高级认知能力相结合，使他们能够灵活地适应新的环境。它还促进了创新，催生了改变游戏规则的技术——高级投掷型武器。就这样，我们的现代人祖先配备着高级武器从非洲出发，雄心勃勃地开启了向全世界扩张的漫长征途。

扩张之欲

为了了解现代人对地球的殖民是多么的不同凡响，我们必须把时间拉回到大约 20 万年前——现代人在非洲的萌芽时期。20万年来，这些解剖学上的现代人，也就是长得像我们的人，一直分布在他们所起源的陆地范围内。大约 10 万年前，其中有一个群体曾短暂地进入中东地区，但显然无法继续前进，因为他们此时还不具备某些优势。然后，在距今约 7 万年前，一个小群体冲出了非洲，开始了一场更成功地进入新陆地的运动。当这些现代人扩展到欧亚大陆时，他们遇到了其他亲缘关系密切的人类物种——西欧的尼安德特人和最近发现于亚洲的属于丹尼索瓦人的一些支系。在现代人入侵后不久，这些古老型人类就灭绝了，不过他们的一些 DNA 却由于不同人群之间偶尔的杂交行为而留存于今天的人们身上。

当现代人来到东南亚海岸时，他们似乎面临着一片似乎无边无际、没有土地的大海，但他们毫不畏惧地继续前进。像我们一样，这些人有探索和征服新领地的构想和欲望，于是他们建造了适合远洋航行的船只，并开始渡海，最晚在距今约 4.5 万年时到达了澳大利亚海岸。作为世界上首个进入这一地区的人类物种，能够利用投掷型武器和火焰的现代人驰骋而过，迅速占领了这片大陆。许多长期统治南方大陆的大型奇异有袋动物都灭绝了。

大约 4 万年前，开拓者们发现并越过了一座通往塔斯马尼亚的陆桥，但是最南端海洋的无情水域阻断了他们前往南极洲的通道。

而在赤道的另一边，一支向东北方向行进的人群穿越西伯利亚，在北极沿岸的土地上扩散开来。陆冰和海冰暂时将他们拒于美洲之外，现代人最终进入新大陆的确切时间是一个备受争议的科学热点问题。不过，研究人员一致认为，在约 14000 年前，现代人突破了重重障碍，横扫了这个野生动物与人类猎手素未谋面的大陆。在短短的几千年内，他们便到达了南美洲的最南端，所到之处，新大陆繁盛的冰河时期巨兽，如乳齿象和巨型树懒则相继大规模灭绝。

马达加斯加岛和许多太平洋岛屿在其后的 1 万年内还未有人类的足迹，但在现代人的最后一次征程中，他们发现并侵占了几乎所有这些地方。如同现代人在其他地方的所作所为，这些岛屿深受人类侵占之苦——生态系统被烧毁、物种灭绝，自然环境为满足我们前辈的目的而被重塑。此外，人类对南极洲的攻陷，则留给了工业时代。

合作天性

那么，现代人是如何做到占领世界的？我们的祖先受困于其起源的大陆数万年，他们最终是如何突出重围，一步步占领了先前人类物种的立足之地，进而征服了整个世界？关于现代人在全球扩散的实用理论包含两个层面：首先，它得解释为什么这个大迁徙事件恰好发生在这个节点而非此前；其次，它得找出一种能让现代人在陆地和海洋之间快速扩散的机制，即现代人必须具备随时适应新环境，并取代其中的任何古老型人类的能力。我认为，一些特性的出现最能解释现代人为何异军突起并称霸世界。这些特性既让我们成为无与伦比的合作者，也使我们成为无情的竞争者。现代人具备这种势不可挡的特性，而尼安德特人和其他已经灭绝的古人类却不具备。我认为这是对亚利桑那州立大学人类学家金·希尔（Kim Hill）所提出一系列"人类独特性"特征的最后一个重要补充。

现代人之间的合作足以上升到非凡的程度，即可以和任何非亲非故、甚至完全陌生的人开展高度复杂的群体活动。想象一下在加利福尼亚大学戴维斯分校的人类学家萨拉·布拉弗·赫迪（Sarah Blaffer Hrdy）2009 年出版的《母亲与他人》（*Mothers and Others*）一书中提出的情景：几百只黑猩猩排好队，上了飞机，极其被动地坐了几个小时，然后像机器人一样按提示离开。这是不可能发生的场景，因为黑猩猩之间会不停地打斗。但人类的合作天性是双向的——既会跃跃欲试地为受迫害的陌生人辩护，也会与毫不相关的人联手向另一个群体开战，并对竞争对手毫不留情。我和许多同事都认为，这种协作倾向——我称之为"超社会性"（hyperprosociality）——并非后天习得，而是根植于现代人的基因中。在某些动物中，这种基因特性可能也会略微显现，但这完全无法比拟现代人的基因特性。

人类是如何获得并创造出非凡的合作能力，即超社会性的遗传基因的，这是一个很复杂的问题。不过，模拟社会演化的数学模型可以给我们提供一些有价值的线索。美国圣菲研究所（Santa Fe Institute）的经济学家山姆·鲍尔斯（Sam Bowles）提出了一个很矛盾的理论，即当群体之间发生冲突时，可能反而会为超社会性的遗传提供最佳的条件。"亲社会性"（prosocial）成员占比较多的群体，会更有效地合作，从而在与其他群体的竞争中胜出，并将控制这种行为的基因传给下一代，进而使超社会性得以广泛传播。加利福尼亚大学戴维斯分校的生物学家皮特·理查森（Pete Richerson）和亚利桑那州的人类学家罗布·博伊德（Rob Boyd）的研究表明，当这种合作行为发生在一个亚群中，群体之间的竞争非常激烈，且群体人口规模较小时，这一行为的传播效率最高。而我们的祖先，即非洲大陆的现代人，就符合这样的特点。

狩猎采集者的群体规模大约为 25 人，他们与群体之外的人通婚，不同群体之间会通过交换配偶、赠予礼物以及共同的语言和传统习俗维系在一起，进而聚集成"部落"。不同部落之间的战争时有发生，即使战争会使他们承担极大的风险。不过，这也引出了一个问题——是什么催生了现代人这种参与危险战斗的意愿？

现就职于美国纽约州立大学奥尔巴尼分校的杰拉姆·布朗（Jerram Brown）1964年提出的经典理论"经济性防御"（economic defendability）——用于解释鸟类之间攻击性的差异，为我们解答上述问题提供了一些视角。布朗认为，个体的攻击性行为是为了达成某些目标，进而使其生存繁衍的机会最大化。当战斗有助于实现这些目标时，自然选择偏向于此。世间万物的首要目标是保证食物的供应，因此，当食物容易被守护时（指后文提到的，食物以一种密集且可预见的形式存在），生物在保卫食物的过程中发生攻击性行为，也就合情合理了。反之，当食物难以守护（指食物以一种分散且不可预见的形式存在）或守护的成本太高时，攻击性行为只会适得其反。

在1978年发表的一篇经典论文中，当时就职于美国康奈尔大学的拉达·戴森-哈德森（Rada Dyson-Hudson）和埃里克·阿尔登·史密斯（Eric Alden Smith）将"经济性防御"理论应用于生活在小型社会中的人类。他们的研究表明，当资源分布密集且其获取的可预见性较高时，防御行为是有意义的。我想补充一点，此处所指的资源必须对生物至关重要，毕竟没有生物会去冒险保卫对自己不重要的资源。这一原则在今天仍然适用，一些种族或国家为了争夺分布密集且可预见性较高的珍贵资源（如石油、水资源以及生产性农业用地等），正进行着残酷的战争。这种"领土权理论"意味着，在早期现代人的世界里，这种会助长群体间冲突，并通过合作使战争升级的情况并不常见。他们往往被限制在一些特定区域，这里普遍拥有密集且可预见的优质资源。但在非洲大陆，陆地资源通常都是稀少且难以预测的，这也就解释了，为什么大多数被研究过的非洲的狩猎采集者，只投入了很少的时间和精力去保卫边界。不过也有例外：某些沿海地区食物丰富、密集和可预见，比如富含贝类的海床。而全世界范围内关于狩猎采集者的民族志和考古学记录都表明，依赖于沿海地区资源的群体之间，通常会爆发最剧烈的冲突，例如太平洋北美沿岸地区的群体。

人类何时开始将密集且可预见的资源作为饮食的主要来源？数百万年来，我们的远古祖先都以陆地动植物资源及一些淡水资源为食，而这些食物的分布都不密集，且绝大多数不可预见。因此，人类的祖先生活在高度分散的群体中，需要不断踏上寻找下一顿饭的旅程。但随着人类认知能力的增强，某一个群体突然意识到，他们其实可以生活在海岸边，以贝类为食。我带领的团队在南非平纳克尔遗址的考古发掘证实了，这种转变始于16万年前的非洲南部海岸。这是人类历史上第一次把一种分布密集、可预见性高且高价值的资源作为生存目标——这一转变将引发重大的社会变革。

遗传学和考古学证据表明，在大约 19.5 万年至 12.5 万年前，全球经历了一个大冰期，这一寒冷时期恰好处于现代人在起源之后不久，这导致了其人口下降。在严酷的冰期中，现代人很难在陆地生态系统中找到可食用的动植物资源，而海边的环境则为他们提供了饮食上的庇护，这是现代人得以幸存的关键因素。同时，海洋和沿海资源也成为战争的导火索。最近，由南非纳尔逊·曼德拉城市大学（Nelson Mandela Metropolitan University）的扬·德·温克（Jan De Vynck）领导的团队，在非洲南部海岸的试验中发现，贝类床的产量十分高，人类在此每小时获取的食物能量可达 4500 卡。我认为，实际上，沿海地区的食物是一种分布密集、可预测且极有价值的食物资源。正因为此，这些宝贵的食物资源在早期人类中引发了强烈的领土主权意识，进而导致群体间的冲突。早期人群间频繁发生的斗争，为亲社会行为的扩散提供了条件。人们会团结起来守卫贝类资源，从而掌握这种珍贵资源的独享权，而这种斗争行为也逐渐在人群中蔓延开来。

战争武器

当现代人能够将群体中没有血缘关系的人们组织起来时，他们就发展成了一支势不可挡的力量。不过，我推测他们还需要借助一种新技术——投掷型武器——来最大程度地发挥自己征服世界的潜力。这种投掷型武器的发明酝酿了很久，因为技术发展是不断累积的过程，需要建立在以往的实践和知识基础之上。投掷型武器的发展也是如此：最初很可能是从刺棍发展为手投矛，然后到利用杠杆原理辅助投掷的矛，再发展成弓箭，最终成为现代人所能想到的那些疯狂武器。

每经历一次技术变革，武器的杀伤力也更胜一筹。削尖的刺棍虽然容易于刺伤，但杀伤力相对有限，因为它不能让猎物快速失血。当在刺棍的顶端配上锋利的石器时，则能大大提升武器的杀伤力。不过，这种精巧的设计需要掌握一些技术：首先，要制造出能够刺入动物体内的尖状武器（如矛或刺棍）；其次，还得在石器上修整出一个能固定住矛的附着面。另外，还需要一些连接技术来固定石器与木轴，如胶水或捆扎材料，或二者兼备。现就职于南非开普敦大学的杰恩·威尔金斯（Jayne Wilkins）及她的同事们，在南非卡图潘遗址 1 号（Kathu Pan 1）发现了一些在大约 50 万年前曾被当作矛头使用的石器。

对卡图潘遗址 1 号的研究表明，这些石器的制造者，是尼安德特人与早期现代人的最后一个共同祖先。而正如科学家预料的，那些更晚时期（大约 20 万年前）的遗物证明，这两个人类物种可能会制作同样的工具。这种石器技术的相似性说明，在一段时间里，尼安德特人和早期现代人势均力敌，但这种情况很快发生了变化。

研究人员一致认为，考古遗址中发现的小型石器标志着投掷技术的出现，而轻盈度和投射精准度是其至关重要的两个特性。这些石器太小，很难徒手使用，必须安装在木质或骨质工具的凹槽内，才能制造出能够高速及远距离投射的新武器。这种就来自平纳克尔遗址被称为"细石器技术"（microlithic）的技术，是该技术已知最早的例子，另外，在编号为 PP5-6 的岩洞中，我们研究小组还找到了人类曾长居于此的证据。澳大利亚卧龙岗大学（University of Wollongong）的地质年代学家泽诺比娅·雅各布斯（Zenobia Jacobs）利用光释光测年技术（optically stimulated luminescence dating），确定 PP5-6 的年代为距今约 9 万~5 万年。而在这一遗址发现的最古老的细石器，可以追溯到约 7.1 万年前。

这个测年结果意味着气候变化可能促成了这种新技术的发明。在 7.1 万年以前，PP5-6 的居民以石英岩为原材料，制作大型尖状器和石叶。我们团队中来自美国亚利桑那州的埃里克·费希尔（Erich Fisher）提出，平纳克尔遗址距离海岸线很近。此外，以色列地质调查局（Geological Survey of Israel）的米拉·巴尔 - 马修斯（Mira Bar-Matthews）和亚利桑那州的博士后研究人员克斯廷·布劳恩（Kerstin Braun）重建了平纳克尔遗址的古气候和古环境。研究表明，该地区当时的气候环境和现在非常相似，冬季降雨强盛，植被以灌木为主。但在约 7.4 万年前，全球气候逐渐转为冰期，海平面下降，露出沿海平原；夏季降水增多，滋润着丰饶的草地和以金合欢树为主的林地。我们认为，在这片曾经隐匿在水下的海岸地区，一个大型迁徙生态系统开始繁荣起来，各种食草动物逐水草而居，夏季向东迁徙，冬季则返回西边。

我们仍不清楚 PP5-6 的居民到底为什么在气候变化之后开始制作这种小式轻型武器。或许是为了截获那些正在向新平原迁徙的动物。无论原因何在，这里的先民发明了一种非常巧妙的细石器制作方法：他们开始使用新的原材料——硅结砾岩（silcrete），这种岩石用火加热后，更易被塑造成小而锋利的尖状器。正是在气候变化的背景之下，早期人类才有稳定且充足的柴火来源（这些木材来自广泛分布的金合欢树），从而使加热硅结砾岩制作细石器工具此地成为一个持久的传统。

我们尚不清楚这些细石器被用于何种投掷技术。我在南非约翰内斯堡大学的同事马利兹·伦巴第（Marlize Lombard），曾研究过其他遗址中的一些年代较晚的例子。由于这些石器的创面图示和已知的箭头相似，她认为这类工具可能是弓箭的起源。我并不完全赞同这个观点，因为她没有真正测试过梭镖投射器造成的损伤。不管是在平纳克尔遗址还是其他地方，我认为简单梭镖投射器出现的时期要比更复杂的弓箭早。

据我推测，像民族志中记载的非洲近代狩猎采集者一样，早期现代人可能已经发现了毒药的功效，并用它来增强投掷型武器的杀伤力。长矛狩猎时，最后的杀戮时刻无比混乱：心跳剧烈、喘息沉重、灰尘弥漫飞腾、鲜血喷涌四溅，并散发着汗尿的恶臭。险象丛生。受伤的猎物精疲力尽，匍匐在地喘息着，因失血过多而倒下，但它还剩最后一招——野性本能呼唤它用最后的力量蹒跚站起，靠近捕猎者，并把犄角猛插进他们的内脏。尼安德特人短暂的生命和破碎的骨骼残骸表明，他们曾手持长矛，近距离捕猎大型动物，并陷入了如此惨烈的境地。现在让我们来想想投掷型武器的种种优势：这种远距离投掷且带有毒药的武器，可以麻痹动物，让猎人安全接近，几乎毫无威胁地结束战斗。所以，投掷型武器的发明是人类历史上一个突破性的创新。

自然之力

随着超社会行为和投掷型武器的结合，一个引人注目的新物种，即现代人诞生了。他们集结成群，且其中每个成员都是独一无二、不屈不挠的捕食者。所有的猎物——或者说人类的敌人，都将变得岌岌可危。超社会行为和投掷型武器这两种强大特性的有力结合，能让 6 个语言完全不通的人齐心协力地划桨，乘着 10 米高的浪头。然后，鱼叉手会在首领的命令下来到船头，将致命的铁叉刺进海中巨兽的身体，即使在这种海中巨兽的眼中，人类只是一群小鱼。同样，一个 500 人组成的部落分散在周边 20 个村落中，可以组建起一支小规模的军队，对邻近部落的领土入侵进行报复。

这种"合作者"和"杀手"的奇怪结合可以很好地解释，为什么在7.4万至6万年前，当冰期再度来临，非洲大陆的大片地区变得荒芜时，现代人的数量并未像过去一样减少。事实上，他们还扩张到了非洲南部，并借助多样化的先进工具蓬勃发展。造成这种不同状况的原因是，这一次现代人已具备了灵活的社会协作能力和关键的技术，可以应对各种环境危机，并最终成为陆地和海洋上的头号捕食者。这种强大的环境适应能力，成为现代人最终走出非洲、进入世界其他地区的通行证。

而那些无法通力合作并使用投掷型武器的古老型人类，则完全没有机会与现代人这一新兴人类物种竞争。长期以来，科学家都在激烈地争论我们的近亲尼安德特人灭绝的原因。在我看来，最令人不安、但也最有可能的解释是：尼安德特人被入侵者现代人视为竞争对手和威胁，最终被我们的现代人祖先所消灭。这是人类演化的必然结果。

有时我会思考，现代人和尼安德特人之间那场命运攸关的对决究竟是如何上演的。我想象着尼安德特人可能会在篝火旁，眉飞色舞地谈论他们与巨大的洞熊和猛犸象之间进行过的殊死搏斗，这些战斗发生在冰河时期欧洲灰蒙蒙的苍穹下，他们赤脚踩在流淌着猎物和兄弟鲜血的冰面上。直到某一天，这个故事中出现了一个黑暗的转折，恐惧取代了昂扬的士气。在尼安德特人的"说书人"口中，那些入侵的新人类身手敏捷又聪明，他们能在超远距离以可怕的准确性投掷长矛。这群不速之客甚至在夜间成群结队地到来，入侵他们的领地，屠杀男子和儿童，并掳走妇女。

在现代人的智慧和合作能力面前，尼安德特人成为了首批受害者，这个悲惨故事也有助于解释，为什么可怕的种族灭绝和异族屠杀行为在当今世界仍在不断上演。当资源和土地变得稀少时，我们将那些外貌或语言与我们不同的人，标记为"异族"，然后利用这些差异来证明灭绝或驱逐他们是合理的，以消除竞争。

科学已经揭示出现代人为何总要固执地在人群中分出"异族"，并用极其可怕的方式对待他们的动机。我们的祖先仅仅是由于资源稀少，才不得不在演化过程中使出了那些残忍的手段。但是，这并不意味着，今天的我们也要如此。文化可以超越最强大的生物本能。我希望，认识到我们为什么会在经济不景气时本能地互相攻击，能够让我们克服这些恶意的冲动，并听从人类文化中最重要的一个指令：永远不要重蹈覆辙。

分工：人类崛起的关键

加里·斯蒂克斯（Gary Stix）
盖志琨　译

在德国莱比锡的一所心理学实验室里，两个蹒跚学步的孩子紧紧地盯着眼前的木板，上面有他们都够不着的小熊软糖。为了拿到心仪的糖果，两个孩子必须协力拉绳子的两端。如果只有一个孩子用力，绳子就会落下来，他们将一无所获。

在几千米之外，莱比锡动物园类人猿研究中心灵长类活动园的一个有机玻璃围栏中，研究人员正在重复着相同的实验，不过这次实验的对象换成了两只黑猩猩。如果这两只灵长类动物能通过测试，它们都将获得美味可口的葡萄作为奖励。

研究人员希望通过这种方式测试小孩和黑猩猩，以解决一些令人头疼的难题：人类这个物种为什么会这么成功？人类与黑猩猩有 99% 的基因都是相同的，但人类为什么能够成功占据这颗星球的几乎每个角落，建造出埃菲尔铁塔、制造出波音 747 飞机和氢弹？而黑猩猩却仍然像 700 万年前的人类祖先那样，在非洲赤道的热带雨林中觅食，古人类与类人猿究竟是什么时候分道扬镳的？

在数以十万或百万年计的进化尺度上，是什么导致我们如此与众不同？

到目前为止，科学家还没有在这些问题上达成一致。在很长一段时间里，一种比较盛行的观点认为，这可能是因为人类可以制造和使用工具，并能应用数字和其他符号。但是，这种观点很快就站不住脚了，因为越来越多的发现表明，只要在正确指导下，黑猩猩等其他灵长类动物也能加减数字、操作计算机并且点燃香烟。

人类的行为为什么会不同于类人猿，究竟有多少不同，仍是目前科学界争论的焦点。不过，目前的一些研究，比如由德国马普进化人类学研究所在莱比锡开展的实验，已经可以给出较有说服力的答案。该研究所的科学家已经鉴别出一种人类独有，却容易被我们忽略的认知特征：大约满一岁之前，小孩就开始表现出一种敏锐的感觉，感受到父母脑子里正在想什么。当父母看着或指着某个方向时，小孩也会跟着看过去，这就表明他们拥有了这种全新的能力。在某种程度上，黑猩猩也能够弄明白同伴的脑子里正在想什么，但在这方面，人类更进一步：在做一项工作时，婴儿和成人能协同思考，共同去完成必须执行的任务。婴儿和成人可以互相把球丢来丢去，就源自这种微妙的认知优势。

一些心理学家和人类学家认为，人类的这种思维融合可能是几十万年前的一次关键事件导致的，正是这一事件决定了人类之后的进化之路。几个人聚在一起，组成小队，共同狩猎或采集食物，这种协作方式最终引发了一连串的认知变化，导致了语言的发展和各种文化的出现。

上述关于人类心理进化的解释，是综合了各种儿童和黑猩猩研究之后的结果，目前仍然只是推测，所以还有不少质疑者。但是，这种解释却给我们提供了非常广阔的视角，我们可以通过这一视角，去了解那些让人类有别于其他生物的认知能力是如何起源的。

棘轮效应

德国马普进化人类学研究所拥有世界上最大的、可用于研究人类与大猩猩行为差异的基础设施，可以同时进行数十项研究。这里还有一个大型数据库，包含20000多名儿童的信息，研究人员可以从中挑选受试者。距离研究所几千米外的莱比锡动物园里，还有沃尔夫冈·科勒灵长类动物研究中心（Wolfgang Köhler Primate Research Center），研究人员可以在该中心调用黑猩猩或其他任意类人猿成员，如猩猩、倭黑猩猩和大猩猩。

1997年，德国重新统一后不久，马普进化人类学研究所就成立了。要建立这样一家人类学研究所，首先要正视曾被玷污的德国人类学，这与当时纳粹的种族理论，尤其是与人类学家约瑟夫·门格勒（Josef Mengele）在奥斯威辛集中营进行的人体实验有关。研究所的创立者竭力从全球招募包括遗传学、灵长类动物学、语言学等学科的非德国本土科学家来担任各个研究团队的负责人。其中就包括迈克尔·托马塞洛（Michael Tomasello），他是一位身材高大，留着胡子的心理学家和灵长类动物学家。托马塞洛生于 1950 年，从小生活在美国佛罗里达半岛中心一座盛产柑橘的小城。他的学术生涯，始于他在佐治亚大学写的一篇学位论文，文中详述了蹒跚学步的孩子是如何学习一门语言的。当他在 20 世纪 70 年代攻读博士学位时，语言学家和心理学家经常把语言看作是人类区别于其他动物的首要特性。

托马塞洛的博士论文很有趣，记述了他两岁的女儿如何学会人生中的第一个动词。"play play"或"ni ni"等原形词的出现，反映了婴儿用各种语言要素反复试错的天然倾向，而这种做法也会逐渐出现在语法和句法结构的学习中。不过，诺姆·乔姆斯基（Noam Chomsky）等语言学家的观点却与前述过程相反，他们认为，语法像大脑中一种先天存在的遗传硬件。在托马塞洛看来，这种解释属于"还原论"（reductionism，主张把高级运动形式还原为低级运动形式的一种哲学观点）范畴。托马塞洛说："像语言这样复杂的东西，它不可能像我们对生的拇指一样直接进化出来。"

由于一直致力于语言研究，托马塞洛在看待文化与人类进化之间的关系时，眼界更开阔。他意识到，仅凭自然选择，根本无法解释为何人类仅在和黑猩猩分道扬镳后不久，就能"发明"出复杂的工具、语言、数学和精妙的社会制度，因为自然选择通常只作用于生物体的生理特性。所以，我们的祖先必定具有某些天生的智力能力，他们才能快速增强寻觅食物和遮身蔽体的能力，从而能在各种环境下繁衍生息，不管环境有多恶劣。而在人类之外的灵长类动物中，这种智力能力是不存在的。

20世纪80年代，托马塞洛在美国埃默里大学获得了教授职位，他在该校耶基斯灵长类研究中心（Yerkes Primate Research Center）开展试验，对比儿童与黑猩猩的行为，寻找前文所说的智力能力存在的线索。这项研究一直持续了十几年，1998年以后，他仍然在马普进化人类学研究所从事相关工作。

在研究黑猩猩的学习能力时，托马塞洛注意到，类人猿可以像人类一样模仿对方。一只黑猩猩会效仿另一只黑猩猩，用一根木棍钓取蚂蚁。种群里的其他黑猩猩也会做同样的事情。做了更细致的观察后，托马塞洛发现，黑猩猩能够理解木棍可以用作"蚂蚁钓竿"，但它们对模仿或学习钓取蚂蚁的技巧并不关心。更重要的是，它们不会主动去同伴那儿学习木棍的用法，然后做一些改进，制作出更新、更好的蚂蚁捕捉工具。与此相反，在人类社会中，这类改进或创新恰恰是最显著的特性。托马塞洛称之为

"棘轮效应"，因为人类能改进自己的工具，使它们更好用，然后把这些知识传授给后代；接着，后代会做进一步的调整和改进——像棘轮一样不断提高。比如投掷石弹，刚开始的时候只是猎杀乳齿象的一个小发明，几千年后，就演变成了弹弓，然后是弹射器、子弹、洲际弹道导弹。

这种"文化棘轮"粗略解释了，作为物种之一，人类为什么在地球上如此成功。但同时，这又牵出另一个问题：人类在传递这类知识时，有着怎样的心理和智力变化过程？答案可能要从几十万年前古人类在生理和行为上的变化说起。由牛津大学人类学家罗宾·邓巴（Robin Dunbar）提出的"社会脑假说"认为：随着大脑变大，群体规模扩大，文化的复杂性也会成比例增长。科学家现在知道，在以色列凯塞姆洞穴发现的人类化石，属于生活在40万年前的海德堡人，它们很可能是我们的直接祖先，而且在那时，它们就已经拥有了几乎和我们一样容量的大脑。

托马塞洛推测，由于拥有了更大的脑容量，加上当时的人口数量也在不断增长，古人类渐渐开始学会使用策略，更聪明地追踪和抓捕猎物。他们发明的长矛狩猎就是为了弥补自身的一些缺陷。当时的狩猎方式也给团队内的成员造成了无形的压力。因为狩猎团队在追踪和围捕猎物的时候，所有人必须分工明确，紧密合作，任何一个没有团队精神的成员，都将被逐出狩猎活动，而一旦脱离团队，个人前景会变得非常黯淡。托马塞洛解释说："如果有人在团队中表现不好，团队的其他成员就会决定，不跟他一起狩猎了。"在托马塞洛看来，现代人的祖先从其他古人类群体中脱颖而出，就是因为它们进化出了高度的社会属性。

由于在考古学中，很难找到合适的骨骼化石和古人类的工具来为托马塞洛的假说提供支撑，因此他只能另辟蹊径：把人类近亲黑猩猩与尚未学会说话或还没上学的孩子放在一起比较，从而获得一些间接证据。从还没上学的孩子身上，研究人员可以评估，在受到文化影响之前，人类的认知能力处于什么水平，而这部分认知能力，可以视为天生的。

过去十多年的时间里，在莱比锡开展的研究已经发现，人类和黑猩猩之间的相似性远多于不同之处，当然，这也凸显了托马塞洛所说的"小差别导致大不同"。在托马塞洛的指导下，马普进化人类学研究所发展与比较心理学系的埃斯特·赫尔曼（Esther Herrmann）带领团队，开展了一项规模宏大的研究，该研究自 2003 年开始，直到 2007 年才将成果发表在《科学》期刊上。在这项研究中，赫尔曼和同事对来自非洲两个野生动物保护区的 106 只黑猩猩、印度尼西亚的 32 只猩猩以及莱比锡的 105 位两岁半的孩子进行了多项认知测试。

研究人员开始着手探讨，人类拥有了更大的大脑，是否就意味着他们的孩子比类人猿更聪明。如果真是这样，更聪明又意味着什么？首先，研究人员需要测试这三个物种的空间推理能力

（四处搜寻已经设置好的奖品），然后是辨别数量多少的能力和理解因果关系的能力。事实证明，人类婴幼儿和黑猩猩在这些项目上的得分几乎相同，只有猩猩表现得差一些。

在进行社交技巧的测试时，原本难分高下的测试对象突然变得没有可比性。在测试沟通交流、向他人学习、揣摩他人意图的能力上，人类婴幼儿轻松击败了黑猩猩和猩猩（因为猿类无法使用语言，所以专门为它们调整过测试方法）。就像在《科学》上提出的那样，研究人员对测试的结果解释道，人类婴幼儿天生并不具备更高的智商（即一般智力），而是拥有了一项特殊的能力——"文化智力"（cultural intelligence），这项能力为他们后来向大人、老师和玩伴学习做好了准备。赫尔曼说："这是我们首次发现，社会认知能力才是人类区别于其他动物的关键能力。"

要进一步研究人类的社会认知能力，需要弄清楚人类那种高度社会属性背后的心理过程。托马塞洛研究发现，大约在9个月大的时候，父母和孩子就可以相互理解对方的想法了——每个人都拥有这种能力，心理学家把这种过程称为"心智理论"。每当父母和孩子一起看向小球或方块，并用它玩游戏的时候，他们都能清楚地意识到对方的想法。此时，每个人都在脑海中形成了一幅关于小球或方块的"精神意象"，这就跟一群海德堡人把他们正在追赶的小鹿想象成晚餐一样。这种在与他人玩游戏或实现共同目标时所表现出的能力，就是托马塞洛所谓的"共享意向"

（shared intentionality，这是他借用的哲学术语）。在托马塞洛看来，"共享意向"是人类独有的一种适应性行为。这是一种可以引发人类与猿类重大影响的微小差异，来源于人类固有的一种社会性合作倾向，而这种倾向是黑猩猩或其他任何物种所不具备的。

聪明的黑猩猩？

一种被广泛接受的假说认为，人类因具有更高的一般智力（记忆或策划等），而与其他灵长类动物区分开来。在德国莱比锡开展的一项对比研究发现，黑猩猩和人类婴幼儿的智商几乎相同（猩猩稍微差点），但人类婴幼儿具备更好的社交能力（与人沟通、向他人学习、揣摩他人想法的能力）。

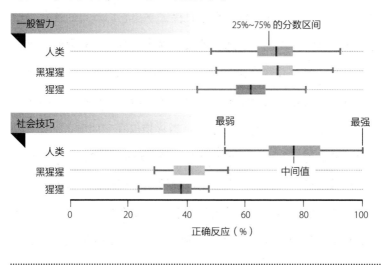

"心智"的优势

马普进化人类学研究所的科学家注意到，黑猩猩也能在一定程度上理解彼此的想法。但它们的自然倾向很特别：不论这些黑猩猩学到了什么，一律都想通过这些技能在觅食或求偶的竞争中胜出。看起来，黑猩猩的头脑就像卷入了一场"权谋诡计"："如果我这样做，它也会这样做吗？"托马塞洛解释道。在 2010 年 10 月，他在弗吉尼亚大学做报告时说："你不可能看到两只黑猩猩一起搬运一块圆木。"

马普进化人类学研究所的科学家在"绳－板实验"中，正式证明了人类与黑猩猩之间的标志性差异。实验中，莱比锡动物园里的两只黑猩猩都要拉动板子上的绳索才能得到葡萄。如果食物放置在板子的两端，黑猩猩会直接去拿离它们最近的葡萄。但是，如果食物放在板子中间，那么更强势一些的黑猩猩就会率先抢夺食物，经过几次尝试之后，居于弱势的黑猩猩就只好放弃。而在研究所的儿童实验室里，无论小熊软糖放置在板子中间还是两端，孩子们都会一起分工合作。当食物放在中间时，3 岁的孩子会通过谈判、协商，保证每个人都获得相同的份额。

托马塞洛认为，古人类之所以能够相互理解，知道为了完成一项任务需要做些什么，是因为社会性互动在当时已经萌芽，并且也有了一种合作文化。这是一种"共性"，也就是说，一个群体的每个成员都大致知道其他人在想什么。正是这种"共性"，为古人类发展出新的交流方式奠定了基础。

古人类能够制订并理解共同目标，它们还能够凭直觉，立即知道狩猎的伙伴在想什么，这也让它们的认知能力可以朝其他方向延伸，比如使用手势进行交流时，人类祖先使用的手势就比猿类的更多更复杂。

古人类的基本手势可能一度与类人猿的非常相似。就像现在的黑猩猩所做的那样，古人类也有可能通过指方向来传达命令，"给我这个"或"去做那个"，它是一种以个人需求为中心的沟通形式。现在的黑猩猩或许可以让我们联想到古人类的行为，可惜的是，它们仍然没有尝试使用这些手势教学或传承信息。

对于人类来说，随着大脑的处理能力越来越强，手势也逐渐有了新的含义。如果猎人在森林中指向一块空地，在附近的同伴就会立即明白，他在表示那里有鹿在吃草。这样的手势在现代生活中也被赋予了新的意义。"比如，我可以通过指向来表示'让我们去那边喝杯咖啡'，而不用语言。"托马塞洛说，"这个动作中，'那家咖啡馆'可以通过手指的指向来表示，而我可以一句话也不说。"

即便是人类的婴儿也能理解这种指向的含义，黑猩猩却不能。这种差异在实验中尤为明显。一个成年人和一个 1 岁的婴儿玩游戏，实验者先让婴儿知道，他想要的小球或方块被习惯性地放在特定位置的某个盘子。到了某个时刻，即使那里什么东西都没有，婴儿也会指向空空如也的盘子，表明他想要的那个玩具已经不在原来的位置上了。孩子知道大人会做出正确的推理，因为指向一个不存在的实体的能力，是人类语言的本质特征。动物园里的黑猩猩也经历了类似的实验，测试者把原来的玩具换成了食物，但当它们面对空空如也的盘子时，却从来没有举起过一根手指。

当孩子的年龄稍大一些以后，他们才开始懂得一些肢体语言，比如把手放到嘴里表示饥饿或口渴。在研究的过程中，黑猩猩看到这些手势后却一无所知。当人用锤子敲碎坚果取出果仁的时候，黑猩猩会明白我们在做什么，但当同一个人在自己手上做出反复敲击的行为，来展示进行同一动作的想法时，黑猩猩却完全糊涂了。

作为认知能力的延伸，肢体语言为一些抽象想法或概念的交流奠定了基础，而这是建立更复杂的社会群体（无论是部落或国家）所需要的。有了肢体语言，人们就能表述一些故事线索，例如表达"羚羊在山的另一边吃草"时，可以让双手呈 V 形举过头顶来表示动物，然后用手比画上升和下降来描绘山坡。之前对比实验中的场景表明，即使是蹒跚学步的小孩，也对很多常规活动的标志性手势有着天生的理解能力，黑猩猩却没有。

肢体语言也不局限于摆手或摇头等身体姿势，还可能通过发出声音来代表某种特定的对象或行为。随着人口的持续增长，部落中的竞争也逐步出现，这些喉咙里的声音就可能进化成语言，进一步提高人类管理复杂社会关系的能力。善于分工协作的群体将在竞争中胜出，那些彼此争得不可开交的群体只能走向失败。

人类不断提高的认知能力也可能推动了狩猎、捕鱼、植物采集或结婚等特定的实践活动，并把它们转化成文化传统（"我们"做事的方式），从而期望被整个群体接受。社会规范要求每个个体必须清楚地认识到群体的共同价值——"群体意识"（group-mindedness），即群体内的每一个成员必须符合自己的角色预期，社会规范产生的一系列道德原则，最终奠定了各个组织机构的基础，并且赋予它们一定权力，执行人们赖以生存的规则，比如政府、军队、法律和宗教体系。在历史的长河中，这些行为都启蒙于一群群狩猎者某种特殊的思维形式，而现在，它们已经扩展到了整个社会。

黑猩猩和其他类人猿没能走上这条路。非洲科特迪瓦的黑猩猩也会聚集起来猎捕疣猴，但就像托马塞洛解释的那样，在追上猎物以后，每只黑猩猩都在尽最大努力为自己获取更多食物，而人类的狩猎采集者，即使在现代背景下，也会在追踪猎物时密切合作，之后还会分享战利品。因此托马塞洛认为，类人猿和其他强食者，如狮子，可能也会出现合作，但在它们种群内合作的动力，在本质上仍然是竞争。

争议不断

托马塞洛关于人类进化史的说法并未得到普遍的认可，即使在他工作的研究所也有许多质疑的声音。在他办公室楼上的灵长类动物学系，凯瑟琳·克罗克福德（Catherine Crockford）为我们展示了她的研究生利兰·萨姆尼（Liran Samuni）2016 年 3 月录制的一段视频。这段视频的主角是一只年轻的黑猩猩，它居住在靠近利比里亚边境科特迪瓦的塔伊国家公园（Taï National Park）里。

这只被研究人员称作"将军"（Shogun）的黑猩猩，正准备吃掉刚刚抓到的一只黑白相间的大疣猴。但是，"将军"无法独自搞定这只仍然活着的猎物，于是抓耳挠腮，发出一系列刺耳的"召唤尖叫"（recruitment screams），向躲在树冠里的两只体型稍大的黑猩猩寻求帮助。其中一只名叫"库巴"（Kuba）的很快到达现场。这时"将军"稍微镇静了一些，终于下口咬了猎物。吃得满脸是血的"将军"此时继续尖叫，将另一只黑猩猩"伊布拉西姆"（Ibrahim）也唤了过来。这只年轻的黑猩猩把它的手指放到"伊布拉西姆"嘴里，作了一个"安抚手势"（reassurance gesture）。这类似于人类的"击掌"动作，表示一切都好。"伊布拉西姆"则通过不咬"将军"的手指，对寻求情感支持的同伴给出正面的反馈。然后，3 只黑猩猩共享了这顿丰盛的大餐。"有趣的是，'将军'唤过来的这两只黑猩猩在群体中占主导地位，它们很可能把猴子整只夺走，"克罗克福德说，"但就像你看到的那样，它们并没有那样做，而是容许'将军'一同进食。"

克罗克福德认为，对于黑猩猩能在多大程度上进行合作，现在就下定论还为时过早。"我并不认为，这就是黑猩猩所能进行的最高程度的合作，"她说道，"就我们现有的知识水平而言，托马塞洛的观点确实绝妙，也非常清晰。但是，我们正在向这一领域引进新的研究工具。未来，应用这些工具，我们才能够确定这是否是黑猩猩所能进行的最高程度的合作。"克罗克福德和另外几个研究人员正在研发一些测试方法，鉴定黑猩猩尿液中的催产素（oxytocin）。催产素是一种具有社会维系作用的激素。有研究表明，当黑猩猩分享食物的时候，它们体内催产素的水平会上升，这表明，它们可能在进食的过程中互相合作。

克罗克福德在莱比锡完成了她的博士研究，与她一起工作的还有托马塞洛，以及马普进化人类学研究所灵长类动物系的主任克里斯托夫·伯施（Christophe Boesch）。伯施一直用自己在塔伊国家公园进行的大量研究反对托马塞洛的观点。他发现，黑猩猩的社会结构具有高度的协作性：在围捕猴子的过程中，一只黑猩猩会诱导猴子向特定的方向逃窜，其他黑猩猩则会沿途围追堵截。在这一点上，伯施跟美国埃默里大学耶基斯灵长类动物研究中心的弗兰斯·德瓦尔（Frans de Waal）非常一致。不过，还是有人用截然相反的观点批评托马塞洛：路易斯安那大学拉斐特分校的丹尼尔·普维内利（Daniel Povinelli）声称，托马塞洛认为黑猩猩能理解同伴的心理状态，这夸大了黑猩猩的认知能力。

托马塞洛自己似乎非常乐意成为学术争论的中心。他说："在我看来，伯施和德瓦尔正在将猿猴人化，普维内利则将它们看作老鼠。但猿猴既不是人，也不是老鼠。"他开玩笑地补充道："我们是中间派。既然两方在攻击我们的研究时火力相当，那我们多半是正确的。"

许多人对托马塞洛的观点持深深敬仰的态度，这也缓和了他所受到的强烈抨击。"过去，我认为人类和黑猩猩非常相似，"纽约大学斯特恩商学院的著名社会科学家乔纳森·海特（Jonathan Haidt）说，"现在，托马塞洛多年来的工作使我开始相信，事实确如他的研究结果一样：人类和黑猩猩之间存在一种微小的差异——人独有一种主动与他人分享的意向。正是这种能力带领我们跨越千山万水，最终到达新的海岸，赋予我们一种与其他动物截然不同的社会生活。"

要解决这些争论，我们需要在动物园、实验室和野外研究站进行更多研究。也许通过新的研究，我们可以发现黑猩猩能在多大程度上理解同类的想法。托马塞洛小组正在进行一些其他研究，其中一项是想弄清，在研究人类的行为时，如果对非洲或亚洲的孩子进行类似的测试，是否也能得到从德国儿童身上得到的结论？也有研究者想弄清，德国学龄前儿童是否与肯尼亚北部半游牧民族桑布鲁人有共同的对错观。

也许，人类与猿类之间还有尚未被发现的差异。与托马塞洛长期共事的同事、莱比锡动物园沃尔夫冈·科勒灵长类研究中心主任何塞普·科奥（Josep Call）认为，也许"共享意向"不是解释人类与众不同的唯一因素。他说，其他的认知能力也可能是人类与其他灵长类动物进化分离的原因，比如揣测未来可能会发生什么的能力。

也许，当科学家对大脑内部进行深入探测以后，会针对人类与黑猩猩之间的共性做更精细的鉴别和研究。在马普进化人类学研究所的另一层楼里，另一项研究在同步进行。2009 年，由斯万特·帕博 ⊖（Svante Pääbo）领导的一个研究团队，测定了尼安德特人的基因组序列，他们推测，托马塞洛关于人类思维独特性的观点，最终可能会通过基因分析得以验证。

上述研究如何开始？一个合乎逻辑的出发点是，在研究黑猩猩和人类行为的同时，把对自闭症的研究也结合起来，观察并研究引起自闭症的数百个基因之间的相互作用。因为患有这种病症的孩子跟黑猩猩非常相似，难以理解他人的暗示。科研人员可以把自闭症患儿与正常孩子的基因进行对比，再与黑猩猩的基因进行对比，甚至也可以与我们进化上亲缘关系最近的尼安德特人的

⊖ 斯万特·帕博：瑞典生物学家，2022 年获诺贝尔生理学或医学奖。

基因进行对比。类似研究能使我们更好地了解人类社会的基因基础，同时也有助于解释，为什么几千年的时间里，我们从一群觅食者发展到一个社会，不仅在寻衣觅食和建造住所的能力上比黑猩猩技高一筹，还能源源不断地为社会成员提供交流的机会。现在我们可以在一天时间内去往地球的任何一个角落，也能像在脑海闪过的一个念头那样，迅速地把信息传递到遥远的图森或廷巴克图[⊖]。

㊀ 图森：美国城市；廷巴克图：西非城市。——译者注

第 3 章

创新的起源

技术的起源：330 万年前的石器

凯特·王（Kate Wong）
潘 雷 译

　　肯尼亚的图尔卡纳湖西岸，是一处贫瘠的沙漠，这里几乎拿不出什么来养活当地的人民。饮用水源难以寻觅；由于过度捕猎，当地的野生动物数量也急剧下降。图尔卡纳地区的人们过着游牧生活，他们在炎热、干旱的村落里放养山羊、绵羊、牛、驴，偶尔还有骆驼，以此勉强维持生计。但在数百万年前，这里植被葱郁、动物成群。对于曾经在这里生活的人类祖先来说，图尔卡纳湖就是天堂。

　　索尼娅·阿尔芒（Sonia Harmand）来到图尔卡纳地区研究人类祖先的遗产——石器。阿尔芒是纽约州立大学石溪分校（SBU）的古人类学家，她目光专注，颇具领导者的威望。在一个晨雾笼罩的七月清晨，阿尔芒坐在一张小小的木质折叠桌旁，仔细观察一枚棕灰色的石片——它只有大拇指指甲盖那么大，在常人眼里不过是一颗不起眼的石子，但这正是阿尔芒在寻找的东西。

在这附近，15 名来自肯尼亚、法国、美国和英国的研究者正在一座小山坡的一侧进行发掘工作。他们用凿子和铁锤剥离灰黄色的沉积物，搜寻着每一颗可能代表古人类活动的石块。而在小山的顶部，研究者们的水壶像圣诞节礼物一样悬挂在金合欢树的枝杈上。在灼热的阳光直射到水壶之前，清凉的晨风能让水保持凉爽。午后，骄阳炙烤着发掘现场，近乎静止的空气可达 38℃。这时的发掘现场成了名副其实的火炉。

2015 年，阿尔芒和她的丈夫、同在 SBU 工作的古人类学家贾森·刘易斯（Jason Lewis）发布消息称，他们的团队在这里的"洛麦奎 3 号"（Lomekwi 3）遗址发现了距今 330 万年的石器。这不但是迄今为止发现的最早的石器，也挑战了人们长久以来对人类演化的认识（即制造石器是人属的独有能力）。研究者希望了解这些最早的石器由何"人"制作，它们又有什么用途。不过，更加紧迫的任务是发掘更多的证据，以证明这些石器确实与它们所处的地层一样古老。

阿尔芒手中的石片是打制石器时剥落的碎片，制作者将两块石料互相碰击，来制作出有尖锐边缘的薄片。这是她与丈夫刘易斯来到该遗址后，首次发现制作石器的证据。这枚小而轻薄的石片表明，该遗址在百万年间没有受到水流的扰动，因此也就证明，"洛麦奎3号"的石器确实来自330万年前的沉积层，而不是出自晚近地层。现在，发掘者们已经到达了含有石器的层位，他们必须更加仔细。"Pole pole"（斯瓦希里语，表示"慢点"），阿尔芒指示大家停下来。

长久以来，古人类学家始终认为，人属的一个重要特征就是制作石器，这同样也是我们演化至今的秘诀。虽然其他一些动物也能使用工具，但只有人类会将坚硬的材料（如石块）加工、塑形，以符合使用需求。此外，人类还以独特的创造性，在漫长的时间里不断革新工具，使其功能更全面、更复杂。"我们人类似乎是唯一一个完全实现技术化的线系，"牛津大学的迈克尔·哈斯拉姆（Michael Haslam）说，"技术与其说是我们的拐杖，不如说是身体的延伸。"

我们一直持有这样一种观点：人类对技术的依赖，始于300万~200万年前的一场气候变迁，那时非洲的森林渐渐被稀树草原替代。人亚族，即我们人科中的一部分成员，因此走到了演化的十字路口。它们从前的食物来源消失了，如果无法适应新的环境，就只能接受灭绝的厄运。人亚族中有一支叫作粗壮型南方古猿（robust australopithecines）的类群，演化出了巨大的颊齿和强壮的颌骨，适合咀嚼草原上粗糙坚韧的植物。另一类群——脑量较大的人属发明了石器，这些工具便于人类获取各种各样的食物，尤其是捕捉那些以新植被为食的动物。肉食的营养价值很高，这些能量源源不断地为大脑提供养分，驱使人类脑量持续增大、认知能力实现飞跃，从而制作出更加精良的狩猎工具——一个正反馈循环就此产生。100 万年前，粗壮型南方古猿灭绝了，而人属迈出了征服整个地球的第一步。

洛麦奎石器的发现彻底打破了传统观念。首先，洛麦奎石器出现在 330 万年前，远早于人属的诞生，也早于那场曾被认为点亮了人类创造之光的气候剧变。在遗址里，人们并没有发现有切割痕迹的动物骨骼或其他宰杀动物的证据，因此最早的石器是否与肉食有关，还是一个谜。洛麦奎石器的另一个深远意义在于，它与过去认为最早的石器记录之间，有一段几十万年的空白，因此很难将洛麦奎石器与人类后来的技术革新联系起来。石器的产生曾被认为是一个分水岭，但现在看来却未必如此。

面对新发现，科学家迫切希望弄明白，从石器概念的建立到动手加工制作，我们的祖先是在何时、如何获得制作石器所需的认知能力与生理特征，技术又如何传给下一代。如果拥有制作石器技术的不止我们人属这一个类群，那么研究者就必须再次深入思考，我们对技术起源的认识是否正确，有意识地制作工具这种行为对人类演化的影响又是什么。

迪基卡的谜团

当第一缕晨光照进树丛，天空泛起了亮光。伴随着此起彼伏的鸟鸣声，在洛麦奎 3 号坑 1 英里（约 1.6 千米）外的营地里，发掘队迎来了新的一天。早晨 6 点半，工作人员走出帐篷，来到临时搭建的餐桌旁吃早餐。他们走过一条碎石铺成的小路，路两边堆放了石块，以防止蛇和蝎子进入。他们用完早餐便挤进一辆越野车里，向发掘地点一路颠簸行进。

发掘队只有一辆车，座位也不够，因此古人类学家埃莱娜·罗什（Hélène Roche）决定留在营地。罗什是法国国家科研中心的荣誉主任，也是一位早期石器专家。她有一头沙色短发，穿着一身沙漠色彩的服装，说话声音清晰而低沉。罗什主持图尔卡纳湖西岸地区的发掘工作已有 17 年之久，2011 年将发掘工作转交给了阿尔芒和刘易斯。这次，她在发掘的后期重返图尔卡纳，以了解工作的进展。这天我也留在营地，邀请她进行了一次访谈，以了解该地区考古工作的历史。

"我进入古人类学领域时，大家刚刚接受的观点是，最早的石器出现在 180 万年前的奥杜威峡谷。"罗什回忆道。1964 年，肯尼亚古人类学家路易斯·利基（Louis Leakey）宣布，他在坦桑尼亚的奥杜威峡谷发现了类似人属的化石和与之相关的石制品（后来这种石器类型被命名为奥杜威石器），这些石制品是当时已知最早的人造工具。因此，他将这群早期人类命名为能人（*Homo habilis*），意为"手巧的人"。从此，制作石器的能力就与人属起源牢不可破地联系在了一起。

　　不过，随后的一些线索显示，石器的出现可能早于人属的诞生。20 世纪 70 年代，当罗什还是一名研究生时，她就在埃塞俄比亚的戈纳（Gona）遗址发现过年代更早的奥杜威石器。现就职于西班牙人类演化研究中心的古人类学家西莱希·塞马维（Sileshi Semaw），当年就与同事研究了这些石制品，发现它们有 260 万年的历史。然而，石器出土的地点没有任何人类化石，也就无从知晓这些石器的主人是谁了。塞马维和他的团队推测，附近的另一遗址出土了一种脑部较小的南方古猿——南方古猿惊奇种（Australopithecus garhi），石器的制作者可能就是它们。但很少有学者支持这一看法。即便当时已知最早的人属出现于 240 万年前，比戈纳石器的制作时间晚了 20 万年，大家也更愿意认为戈纳石器是人属的作品（最近的研究已将人属的最早出现时间提前到 280 万年前）。

　　虽然戈纳石器的制作年代十分久远，但从外观来看，它的制作者已经掌握了相当熟练的技术，戈纳石器远非初窥门径的新手所能制作的简单工具。自戈纳石器后，古人类学家陆续从西图尔卡纳和其他遗址发现了类似的古老石器。20 世纪 90 年代，罗什从离我们营地 5 英里（约 8.05 千米）的"洛卡拉雷 2c"（Lokalalei 2c）遗址发现了 230 万年前的奥杜威石器。遗址保留了制作石器的全部顺序，如三维拼图一般，罗什能根据剥落的碎片，将打制石器的过程一步步还原。于是，罗什和同事们将剥离的石片和石核重新拼合在一起，他们发现石器的制造者从一块石头上最多剥离出了70枚石片！要掌握这项惊人的技艺，制造者不但要清楚哪些形状的石块便于剥离（一面平坦另一面突起的石块最适合），还要在打击的过程中仔细规划，让石块始终保持适于加工的形状。"当我们将所有石片拼合，还原这位工匠的整个制作过程时，我们就走进了史前人类的心灵。"她说。

显然，来自戈纳和洛卡拉雷等遗址的石器，反映出制造者已经掌握了纯熟完善的石器制造技术，这意味着他们并不是最早的发明者。奥杜威石器显然是对早期技艺的传承。

2010年，随着新线索的出现，石器制作技术的出现时间大大提前了。现任职于芝加哥大学的泽雷塞奈·阿伦塞吉德（Zeresenay Alemseged）和同事宣布，他们在埃塞俄比亚的迪基卡遗址（Dikika）发现两段动物骨骼化石上有砍切的痕迹，他们认为这些痕迹可能是石器所致。这些动物骨骼来自340万年前，比任何人属化石都要古老得多。阿伦姆塞吉德等人经研究认定，这些骨骼属于南方古猿阿法种（Australopithecus afarensis）。南方古猿阿法种拥有众多与猿类相似的特征，它们的大脑灰质总量与黑猩猩差不多，身体也保留了一些树栖特征，这与研究者想象中的"第一位屠夫"形象相差甚远：在设想中，这些南方古猿阿法种大脑发达，完全在地面上生活。不过，这一发现随即引来争议：

一些学者提出这些痕迹可能是动物踩踏时留下的。由于迪基卡遗址没有发现相应的石器，也就无法证实这些划痕是由石器造成的。直到这里，技术究竟起源于何时，仍是一个未知数。

寻找更古老的石器

就在迪基卡骨骼划痕引起争论的时候，阿尔芒和刘易斯开始规划去寻找更早的石器。他们认为，迪基卡骨骼的划痕，以及在戈纳和洛卡拉雷出土的精致石器说明，一定存在更古老的石器。2011年夏天，他们去图尔卡纳湖西岸勘探新的遗址。

图尔卡纳盆地身处东非大裂谷，对古人类学家来说，这里埋藏着大量宝藏：不但蕴含着极其丰富的化石和石器，更有利的是，这些遗迹所处的沉积地层都很容易进行精确测年。千万年来，裂谷地区的火山喷发与水位涨落，都被清楚记录在地层中，构成一块"千层蛋糕"。流水与风侵蚀着"蛋糕"，使得地层的纵剖面在整个图尔卡纳盆地随处可见。虽然构造运动让一些剖面的位置发生变动，但只要一些露出的岩床保留少许的"蛋糕"层位信息，科学家就可以推断它们属于哪一段地质序列，从而测算出它们的年代。

在一片荒芜、连一条路也没有的图尔卡纳湖西岸，考察队选择在干涸的河床里行驶，这些河床从图尔卡纳湖一路蜿蜒向西分布。那年7月9日，研究人员计划前往另一处遗址——1998

年，一组科学家在那里发现了另一支人类近亲——扁脸肯尼亚人（*Kenyanthropus platyops*）的头骨。但他们走错了方向，驶入通往洛麦奎遗址的河床。当时，为了看清楚整个地区的地貌，他们登上了一座小山坡。他们随即意识到，自己无意间来到的这块土地，很可能就是远古石器藏身的地方。他们周围环绕着柔软的湖相沉积，化石与石器都安稳地沉睡在这片地层里。根据此前的测绘，这条河床的沉积物都早于 270 万年。于是，他们决定停下来看看。

几小时后，考察队里来自图尔卡纳区的萨米·洛克罗迪（Sammy Lokorodi）发现，几块石头上有打制石器留下的标志性特征：在剥下锋利的石片后，石块上会留下半锥体凹面。这就是考察队在寻找的更久远、更原始的石器吗？或许是。但它们散落在地表，因此不能排除是现代人类，譬如偶然经过的图尔卡纳游牧民所为。研究者们明白，只有在沉积层中发现原封不动的石器，并对遗址进行详细的地质学分析，精确测定石制品的年代，才能拥有令人信服的证据，来证明那些石器确实来自遥远的史前时代。

在 2015 年的《自然》杂志上，研究者将成果公之于众，那时他们已在 140 平方英尺（约 13 平方米）的遗址中发掘出 19 枚石器，还根据已知年代的地层，确定了石器出土层位的地质年代。这些已知地层包括一处标志着 331 万年前火山爆发事件的火山凝灰岩，和一处代表 333 万年前地磁翻转事件的地层——当时地球的南北磁极发生了倒转。此外，他们还找到了这些石器的石材来源：一处有 333 万年历史的河滩。河滩上有来自火山的玄武岩和响岩，它们都已经在河流的冲刷下变成了鹅卵石，河滩沉积物里还发现了鱼和鳄鱼的化石。不难想象，数百万年前的图尔卡纳湖该有多么广阔。这些线索显示，考察队发现的石器年代在330 万年前，久远得令人惊诧——比戈纳石器早 70 万年，比已知最早的人属早 50 万年。

洛麦奎的石器与奥杜威石器差别很大。从尺寸上讲，前者比后者大得多，有些石片有成人手掌大小。此外，它们的打制技术与奥杜威石器的也不一样。阿尔芒解释说，奥杜威式的石器一般是徒手打制的：一只手握住一块石锤，去锤击另一只手上的石核；洛麦奎文化的匠人则是先双手握住一块较小的石料，向地面上较大的石块（石砧）撞击；或者用一只手将石块固定在石砧上，用另一只手中的石锤砸击石块。洛麦奎石器的制作方法和最终的成品证实，它们的制作者已经对石块的断裂力学有了一定了解，但其熟练度与规划能力明显不及戈纳和洛卡拉雷石器的制作者。科学家终于找到了比奥杜威文化更古老的洛麦奎文化。

谁才是制造者

但并非所有人都认同洛麦奎石器如研究者所宣称的那样古

老。一些质疑的声音说，研究团队没有证明石器来自 330 万年前的地层。另外一些学者虽然接受 330 万年前的古人类能制作石器的观点，但对这一发现背后的意义争论不休。

这些石器的制作者是谁？除了一颗谜一样的牙齿外，研究者在洛麦奎没有找到其他的古人类化石。遗址的地理位置和年代表明，洛麦奎有三位可能的主人：扁脸肯尼亚人，他们三百多万年前就在图尔卡纳西部地区居住。据目前所知，他们是当时那片地区唯一的古人类；南方古猿阿法种被认为与迪基卡动物化石的切割痕迹有关；而南方古猿近亲种（*Australopithecus deyiremeda*）是近年来在埃塞俄比亚发现、命名的南方古猿，其化石记录是一段破损的颌骨。如果洛麦奎石器确实来自扁脸肯尼亚人或南方古猿阿法种，古人类学家会感到震惊，因为这些物种的脑量与黑猩猩差不多大，这也意味着，第一个制造工具的"人"绝非他们此前设想的那样拥有较大的脑量（南方古猿近亲种的脑量仍未知晓）。

除了较小的脑量，远古石器发明家的其他解剖特征同样令科学家啧啧称奇。古人类学家认为，我们的祖先脱离了树栖生活，成为完全在地面栖息的两足动物，之后才学会使用工具。在这样的演化图景下，人类祖先的双手先从攀援活动中解放出来，渐渐演化为适于制作石器的形态，因此栖息方式的转变是石器产生的重要因素。然而，作为三位候选者中唯一保存下躯干和四肢化石的类群，南方古猿阿法种虽然能在地面上直立行走，但同时还保留了一些树栖特征。在需要获取食物或躲避危险时，它们也能爬树。若它们果真能制作石器，那么从树栖到地栖，这一人类祖先生活方式的转变，对石器技术的诞生又有多大的意义呢？

洛麦奎 3 号石器文化的发现，还令科学家们重新思考，到底是什么因素驱使人类发明了石器？古环境重建的结果显示，330万年前，洛麦奎及周边的广大地区是一片树林，并不是稀树草原。然而在古人类学家的预想中，稀树草原才是人属石器制作技能的摇篮。

也许最大的问题就是，为什么洛麦奎 3 号石器和其他远古文化的时间间隔如此遥远？如果石器制造的确是古人类智力提高的关键，那么为什么洛麦奎石器没有直接传承下来，而石器制造与脑量之间的良性循环也没有出现呢？

近期的研究或许可以解释，那些比人属更原始的古人类是如何开始制作石器的。实际上，它们与其他灵长类动物在某些认知能力上的差别，并非我们从前认为的那样明显。

例如，我们最近的表亲——黑猩猩虽然在野生环境下不能制作石器，但确实拥有许多制作石器所需的认知能力。乔治华盛顿大学的戴维·布劳恩（David Braun）和牛津大学的苏珊娜·卡瓦略（Susana Carvalho）发现，几内亚博苏（Bossou）地区的野生黑猩猩会用石头敲开坚果，它们甚至懂得分辨不同岩石的物理特性。科学家将肯尼亚的各种石块带到博苏，让黑猩猩从中选择击打坚果的工具。显然，博苏的黑猩猩对这些石块的特性一无所知，但它们还是能坚定不移地从中挑选最合适的石块。美国印第安纳州石器时代研究所的尼古拉斯·托特（Nicholas Toth）和同事通过对倭黑猩猩的研究指出，经过训练，倭黑猩猩能制造锋利的石片以切断绳索。托特坚信："如果有合适的石材，我们的倭黑猩猩无疑也能制出阿尔芒团队在洛麦奎地区发现的石器。"

其实发明石器并不需要特殊的天分。2018年秋天，牛津大学的托莫什·普罗菲特（Tomos Proffitt）和同事发表报告称，他们观察到巴西塞拉达卡皮瓦拉山国家公园（Serra da Capivara National Park）的僧帽猴会无意识地制作尖锐的石片，那些石片在任何人看来都是千真万确的"奥杜威石器"。僧帽猴的栖息地盛产石英质鹅卵石，它们经常手执一枚石头，砸向嵌在地上的石砧。在剥落的石片上，同样出现了有意识打制石器时留下的标志性痕迹——贝壳状断口上的铲状凹面。不过，僧帽猴并不需要剥落的石片，它们的目的是取食石英——敲击石块时，它们会不时停下来，舔舐石砧上留下的石英粉末。也许，早期人类制得的石片也不过是这种意外的产物；又或许它们偶然发现了自然形成的石片，后来逐渐发现石片可以作为工具使用，因此才开始有意识地加工石块。

洛麦奎石器的制造者是否有一双既能打制石器，又能在树上攀援的双手？参考我们灵长类近亲的情况，这不是不可能。现代人的手是力量、精准与灵巧的结合体：我们的四指（相对其他灵长类）短而直、拇指较长，能够对握。在日常生活中，我们挥动榔头、转动钥匙、发送短信，几乎每一刻都在使用这些特征。然而，黑猩猩、倭黑猩猩和僧帽猴的例子让我们意识到，某些灵长类的双手在适于抓握树枝的同时，也可能拥有惊人的灵活性。因此，部分树栖的早期人类也可以拥有灵敏的双手。

在南非曾经生活过三种脑量很小的古人类：南方古猿非洲种（*Australopithecus africanus*）、南方古猿源泉种（*Australopithecus sediba*）和纳莱蒂人（*Homo naledi*）。近期的研究发现，它们的手骨能够同时实现攀援与对握。这三个物种都有弯曲的手指，这是攀爬者的特征。但他们的双手也具备一些石器打制者所应有的特征。手骨的结构能反映个体生存时手部所承受的力量，因此英国肯特大学的特雷西·基维尔（Tracy Kivell）和马特·斯金纳（Matt Skinner）研究了这三种早期人类手骨化石的结构，发现其特征与能制作和使用石器的古人类一致，却与黑猩猩的手骨结构不同。"敏捷的攀援者也能同时成为灵巧的石器工匠。"基维尔说。她解释道，多种手部形态都能胜任打制和使用石器的工作，后来人类的双手经历的那一系列变化，只是功能上的优化，而不是以往认为的脱胎换骨的改造。

百万年前的技术传承

星期五是洛麦奎考察队的"烤肉之夜",大家聚在一起享用烤羊肉。SBU的英国人尼克·泰勒(Nick Taylor)想要借此机会试验洛麦奎石器的用途。那天早晨,图尔卡纳当地的牧羊人赶来了考察队订购的牲口。眼看金乌西坠,营地飘出阵阵炊烟,泰勒和营地厨师长阿尔弗雷德·科基(Alfred Koki)商量,请他试着用洛麦奎石器的复制品加工肉块。抱着游戏的心态,科基取了一枚2英寸(约5.08厘米)长的石片开始切肉。他用边缘锋利的石器剥下了大部分皮,还割下了一些肉,石器用钝了就换一枚新的。不过最后,科基还是要求换上他的钢刀为工作收尾。

泰勒一直在旁边观察科基如何凭直觉操纵石器,并记录下每块石器从开始使用到换新需要的时间。泰勒把用钝的石器都保存下来,然后和同事一起将磨损的锋刃和洛麦奎出土的真正石器作对比。今后,他将收集动物骨骼,来观察上面会留下怎样的切割痕迹。泰勒计划用石器切割植物材料,如木头和根茎。他还打算分析洛麦奎石器表面是否会留下一些残余物,其成分或许能揭示石器的用途。

无论洛麦奎的古人类制作石器是出于什么考虑,它们的传统都没有被湮没在时间长河里。戈纳出土的石器,是继洛麦奎之后最古老的,但二者相隔70万年。也许这段时间还出现了别的石器文化，只是古人类学家尚未发现；也许洛麦奎文化只是漫长人类史中的昙花一朵，与后来的奥杜威文化没有直接关联。实际上，奥杜威文化也是不连续的、多样化的：不同的时代与地区，石器的风格不尽相同，而不同的风格之间并没有很强的传承关系。就如同罗什所说的："不存在单一的奥杜威文化，只有奥杜威文化群。"

古人类学家认为，这种"百家争鸣"的石器文化模式或许意味着，多个古人类线系甚至其他灵长类都曾独立地尝试过制造石器，但它们的发明却没能传给后代。"我们从前以为，只要掌握了石器制造技术就能鹤立鸡群了。"美国埃默里大学的迪特里希·斯托特（Dietrich Stout）说。但或许对这些早期人群来说，有没有石器制作技术，对于适应环境的意义不大，因此技术也就没能流传下来。

但在约200万年前，事情发生了变化。从那时开始，石制品似乎沿袭了某种特定的生产规则。170万年前，阿舍利文化（Acheulean）出现了，这是一种更复杂的石器文化，其代表性石制品是手斧。后来，阿舍利文化扩张到了整个非洲，并走向欧洲和亚洲。

布劳恩认为，这种变化与古人类信息传播能力的提升有关。黑猩猩通过一种基于观察学习的方式来传播信息，这种行为被布劳恩称作低保真度传播（low-fidelity transmission）。面对简单的任务，这种传播方式效果很好。在为期六周的观察工作将要结束时，布劳恩团队发现，博苏的黑猩猩群体都学会了用同样的方式砸开坚果。这种观察学习似乎是通过一种循环实现的：一名个体（通常是幼年个体）观察另一名个体（通常是成年个体）如何用某种特定的石块砸开坚果，随后，学习者会使用类似的工具，尝试达到同样的目的。

现代人会主动教导他人如何完成复杂的工作。从烤蛋糕到开飞机，这种高保真的知识传播方式是我们与黑猩猩的差异所在。布劳恩提出，洛麦奎文化和早期奥杜威文化的石制品风格多变，这是低保真信息传播的结果；而晚期奥杜威文化和更成熟的阿舍利文化显示出标准化的风范，意味着一种更有效的知识传播方式正在发展成熟，正是这种传播方式让人类登上技术革命的高峰。

虽说洛麦奎文化已经足够古老，但研究人员猜测，还有更久远的石器等着我们去发现。一天，刘易斯、洛克罗迪和来自法国国家保护性考古研究所的地质学家扎维尔·博伊斯（Xavier Boës）三人沿着河床出发，去寻找他们预想中更古老的石器。此行的目的地是一处比洛麦奎 3 号遗址更古老的地层。他们这次考察的线路，正是 5 年前原计划的那条，但当年迷路没能成行，却误打误撞发现了洛麦奎 3 号遗址。

到达目的地后，三人散开，分别以专业的视角从茫茫石海中寻找人类制品的线索。不久，洛克罗迪发现了带有铲状凹陷痕迹的鹅卵石。理论上来说，这些石块有超过350万年的历史。然而，研究团队还需要重复在洛麦奎的一系列苦心孤诣的工作，首先判断它们是否经过了人类的加工，再探讨出露在地表的石器属于哪个被侵蚀的地层，精确标定地层的年龄，随后去寻找更多埋藏在未经扰动的地层中的石器。为了方便今后的进一步考查，刘易斯为岩层拍了照片，并记录下地理位置。考察队还将探索另一片十分有潜力的地区：它距离洛麦奎3号3英里（约4.83千米）远，沉积层的历史在400万年以上。

在洛麦奎3号文化的前后存在着哪些石器制作技术？古环境又经历了怎样的变化？这些问题的答案，对于阐明食性演变、工具的制作和人属起源三者的联系具有极为重要的意义。"或许整件事情的来龙去脉都没有改变，只是发生的时间比我们估计的早了些，"刘易斯提出，"即便故事发生在遥远的过去，我们仍可能抽丝剥茧、还原真相。"

"我们已经掌握了许多信息，但还不够，"罗什面对西图尔卡纳地区的发现时这样说道，"这仅仅是个开始。"

灵长类考古学：
还有哪些物种也会使用工具？

迈克尔·哈斯拉姆（Michael Haslam）
马东东　译

潮水迅速升起，但猴子们对此似乎并不关心。它们叽叽喳喳地叫着，慵懒地倚靠在海岸附近的石头上和红树林中，或静静地咀嚼着牡蛎，或享受着梳理毛发的舒适。年幼的猴子们欢乐地嬉戏，从树枝上跳进温暖而清澈的海水中。然而，我却非常关心即将到来的潮水。2013 年，在温和的 12 月，我靠在海边一个整齐方正的洞里，用力伸手将洞底的湿沙一铲一铲地挖出来。方洞的每一边虽然只有半米高，却需要在潮水退去后花数小时的时间来挖。挖洞时我们还得非常谨慎，因为一不小心洞就会坍塌，全部工作就会功亏一篑。

这是一次考古发掘。整体的画面应该跟你想象的差不多，地上放着桶、筛子、线绳、水平尺、标本袋、卷尺等。然而，驱使我来到泰国兰松国家公园（Laem Son National Park）皮纳南岛（Piak Nam Yai）的考古发现却不是传统意义上的文物。我不是来寻找钱币、陶器、原始聚落，或者消失已久的人类文化。相反，我是来这片海滩上寻找曾出现过的猴文化遗迹的。

从某种意义上来说，我是一位灵长类考古学家。我用传统的考古学方法研究各种灵长类动物的行为文化。坦白说，当我使用"灵长类考古学家"这个词时，脑子里浮现着关于科尼利厄斯博士（Dr. Cornelius）的画面。在1968年上映的电影《人猿星球》中，康奈利博士是一只黑猩猩，他的研究揭露出人类并不是一种没有文化的动物。然而，他的发现被黑猩猩社会认为是异端邪说，他也因此遭到起诉。虽然在电影中并没有相关画面，我仍强烈地认为他可能因此失去了课题基金支持。

我和康奈利博士之间有一种共鸣，因为最近我和同事们正在建立一个新的科学分支，这个领域与他的工作有很多相似之处。过去150年间，"考古学"的定义一直是研究与人类过去相关的物质遗存的学科。这些年里，涌现了许多考古学的分支领域，这些分支领域分别关注了不同的时间段、不同的地区，或者不同的研究方式。但是，这些领域都有一个共同的主题：人类。非人类动物也是考古学研究中的一部分，而人类却更多地把它们作为食物、交通工具、宠物或者寄生虫来对待，它们就像是人类世界的附属品。

当然，这些领域已经取得了非凡的成果。例如，2015 年，纽约州立大学石溪分校的索尼娅·阿尔芒和团队在肯尼亚的洛麦奎（Lomekwi）遗址发现了远古人类制造的石质工具，将人类活动的历史推进到距今 300 万年以前（这些工具由石头制成并非巧合。顺便说一下，在人类过去 95% 的历史中，石质工具是唯一保存下来、有助于解释人类起源的物质文化遗存，因为用容易腐烂的材料制作的工具早已消失在历史长河中了）。

研究与我们的亲缘关系最近的亲属（猴子和猿）的考古学，可以称为灵长类考古学。灵长类考古学希望建立一个更全面的框架，更深入地了解人类技术发展的悠久历史。人类和人类的直系祖先都是灵长类，所以灵长类考古学研究的中心目标仍然是解释我们人类自身的演化进程。将人类技术复杂而传奇的起源过程放到一个更广阔的生物学视角下，可以让我们更好地理解哪些行为和技术是人类与非人灵长类共同继承的，而哪些又是独属于人类的。

遗失的证据

传统上，考古学家一直只关注人类的物质文化遗存，这很大程度上是因为研究者认为只有人类才能制造工具。20 世纪 60 年代，灵长类动物学家珍·古道尔通过对黑猩猩的研究首次提出了异议。人类学家路易斯·利基在东非古湖滨环境中发现了丰富多样的人类化石和石质工具。而他让古道尔前往现在坦桑尼亚坦噶尼喀湖（Lake Tanganyika）东岸的贡贝河国家公园（Gombe Stream National Park），观察那里的黑猩猩的行为模式时，古道尔也发现这里的黑猩猩可以制作和使用工具，还能用工具来获取食物。但是，贡贝黑猩猩（*Pan troglodytes schweinfurthii*）使用由植物制作的工具，这种工具只能在热带气候中保存数周时间。因此，利基发现的各种石质工具（制造于百万年前）与古道尔发现的这些工具（由树枝与草制作）明显不是同一类型。

幸运的是，黑猩猩很有发明创造才能。20世纪70年代，研究者发现了非洲西部黑猩猩亚种（*Pan troglodytes verus*）中的几个群体存在使用石质工具砸击坚果的现象。而基因证据表明，在50万年前，这个亚种可能与非洲中部地带的主要黑猩猩群体分道扬镳。鉴于在中部和东部地带的黑猩猩（在贡贝见到的黑猩猩）都没有使用石质工具，而倭黑猩猩同样缺乏使用石质工具的证据，因此西部群体很有可能是在分化之后才独立发明和使用石质工具的。

这个发现让科学家对石质工具的起源产生了诸多疑问。人类与黑猩猩的共同祖先可能会使用木质工具，就像现在的野生黑猩猩、倭黑猩猩、猩猩或者大猩猩一样。但是，为什么这个大家庭中只有很少的分支把石头当作制作工具的原材料呢？另外，野生黑猩猩对石头的使用非常有限，主要是利用石头的硬度优势来砸开坚果，而人类却用石头做了很多事情，为什么黑猩猩与人类使用石头的方法如此不同？

仅凭两个制作石质工具的案例，而且两个案例还是分别出现在人类和黑猩猩的演化史中，我们很难清楚地探索石质工具的起源。我们不能把黑猩猩的某一个分支做过的事简单地类比到人类祖先的头上，然后认为人类的技术也起源于用石头砸击坚果。这就像把现代人做过的事直接类比到黑猩猩祖先的头上一样，毫无意义。

还有一个很重要的问题，我们几乎没有任何关于黑猩猩演化的记录，关于它们的认知主要集中在过去几十年里的发现。如果我们对自身的了解也只有这么短的时间，那我们对人类技术的起源与发展的认知，也将变得非常狭隘。如果只是靠猜，我们会认为筷子或者刀叉是最适合古代人吃饭的工具吗？PlayStation 或者 Xbox[⊖]会是古人类的玩具吗？这样的猜测看起来有些荒唐，但是科学家们却经常忘记思考，黑猩猩曾经的行为模式是否与我们现在看到的一样？它们的技术是变弱了还是变强了？

另一个核心问题是，仅仅比较人类与黑猩猩的技术特征，只能为解释特定的特征为什么只出现在一个分支（而没有出现在另一个分支）提供非常有限的线索。比如，早在 19 世纪 60 年代，

⊖ PlayStation：索尼生产的游戏设备；Xbox：微软生产的游戏设备。——编者注

英国博物学家约翰·卢伯克（John Lubbock，他将石器时代划分成旧石器时代和新石器时代）就曾认为，灵长类动物砸开坚果的行为可能是人类相互碰撞石头从而获取锋利石片的原始雏形。如果是这样，为什么现代的黑猩猩不制造石片？缺乏这种行为是因为缺少想象力、时间还是机遇？理论上，我们应该用更多的案例来检验关于技术演变的假设。这也是我一直以来研究猴子的原因，它们或许可以帮我们解决一些问题。

猴子的石器

回到泰国的沙滩上，方洞的底部灌满了水。海水仍然不断从洞壁渗进来，最终，水没过了我的脚，我只能小心翼翼地将一堆小火山岩石块收集起来，这些石块粗糙的表面上都有明显的凿痕和小坑。

在安达曼海岸的皮纳南岛和其他小岛上，野生的缅甸长尾猕猴（*Macaca fascicularis aurea*）经常会使用石质工具，这种行为分布从泰国一直向北延伸到缅甸一带。19 世纪 80 年代，英国船长阿尔弗雷德·卡朋特（Alfred Carpenter）首先报道了这一发现，但那篇报告很少有人注意到。直到 2005 年年初，在调查 2004 年印度洋海啸造成的损失时，长尾猕猴使用工具的行为才再次被发现。

根据从 19 世纪到 20 世纪观察到的很多相似之处，几乎可以确定长尾猕猴会使用石质工具。一旦潮水退下，长尾猕猴就会从岛上的森林走出来。它们在海岸挑选手掌大小的石头，准确地砸击附着在石头上的牡蛎，从而去掉牡蛎的上壳。它们通常敲击五六次就能将牡蛎打开，此后，还会反复使用同一件工具。在极端情况下，我的团队曾发现它们用一件石锤砸开并吃掉了 60 多个牡蛎。

牡蛎并不是长尾猕猴唯一使用工具才能吃到的食物。潮间带一般都生活着很多动物，这个小岛也不例外。虽然长尾猕猴更喜欢牡蛎，但它们也会去寻找海生蜗牛和螃蟹。与牡蛎不同，这些猎物可以逃跑，所以当猴子抓到它们后，会放在附近一个平坦的石头上，用更大的石锤（最大的有几千克重）砸碎食物的硬壳。这个平坦的石头就相当于石砧。在猴子们享用食物的过程中，持续的敲打声和破裂声不绝于耳。

低潮期，这种"抓－砸"行为使海岸上遍布着破碎的壳和附带着砸痕的石头。猴子们选择石头的标准是好用并且耐用，所以会用小石头的尖部准确砸击牡蛎，用大石头的中心区域砸击蜗牛。而这两种主要行为模式对石头造成的痕迹，是可以预估的。也就是说，通过分析这些石头上的疤痕，就可以推测长尾猕猴使用工具的方式和潜在的目标猎物。我在海滩上挖掘沙坑的目的，就是为了寻找具有这些特点的石头。从潮汐中救起的那些火山岩，就带着处理牡蛎的痕迹。尽管这些工具并没有将长尾猕猴使用工具的历史向前推进（测年发现，这里最早的工具也仅可追溯到 65 年前），但它们却是首次通过考古发掘找到的猴子制作的工具。

卷尾猴与腰果树

长尾猕猴并不是唯一留下考古证据的猴子。在 2014 年末，我身处在另一个方洞中，但是这次却没有海风缓解炎热的天气。我周围是巴西东北部塞拉达卡皮瓦拉山国家公园的矮树林和高耸的砂岩高原。圣雷蒙多（São Raimundo Nonato）附近一所大学的学生组成的队伍正在做考古发掘。我的博士后研究员、灵长类动物学家蒂亚戈·法罗提科（Tiago Falótico）和莉迪亚·伦茨（Lydia Luncz）记录了这次发掘。

我们之所以出现在这里，是因为塞拉达卡皮瓦拉山国家公园的野生黑纹卷尾猴（*Sapajus libidinosus*）已被证明是技术大师。2004 年，美国佐治亚大学的多萝西·弗拉格斯（Dorothy Fragaszy）和意大利认知科学与技术学院的卷尾猴专家伊丽莎白·维萨尔贝吉（Elisabetta Visalberghi）报告说，在一个距离公园约 320 千米，与塞拉达卡皮瓦拉山国家公园类似的栖息地，这里的野生卷尾猴也会使用石质工具，表现出了相似的习性。在巴西，很多地方的卷尾猴都会选择和使用较重的石头，砸开坚果或者水果的核。从表面上看，这种行为与非洲西部的黑猩猩相似，但是塞拉达卡皮瓦拉山国家公园的卷尾猴在使用工具上具有一定的创新性。除了砸坚果和水果，它们还用石头挖土，寻找穴居的蜘蛛和植物根茎。多情的雌性卷尾猴甚至还用扔石头的方式博取雄性的关注。与另一种猿类表亲相似的是，这些卷尾猴也会折断树枝，将树叶咬掉，用木条辅助猎取通常难以够到的猎物，比如藏在裂缝中的蜥蜴。

在发掘期间，有一种食物引起了我们的注意。腰果树的果实美味、富有营养，但新鲜的腰果壳内有一种具腐蚀性的液体，会伤害皮肤，引发疼痛。因此，卷尾猴会用较重的石锤砸击腰果，避免直接接触这种液体。幸运的是，这种行为会使石头上遍布砸击的痕迹和深色的腰果汁液。我们通过统计过去几年卷尾猴使用过的石头，将这些石头的发现地点绘制成图，就能发现卷尾猴的集中活动区。

过去几千年来，腰果树生长所需的土壤、湿度、光照等条件并没有发生很大变化，所以我们推测现在的集中活动区在过去也可能聚集了大量的卷尾猴，通过有选择性地在这些区域开展发掘工作，也证实了这种观点。我们发现，卷尾猴使用工具的历程至少可以分为四个阶段，埋藏在地下的石锤和石砧上的使用痕迹，能够清晰地反映出这一点。当然，这也印证了确实是卷尾猴使用了石质工具的观点。因为我们没有在这里发现人类活动的痕迹，不论是火、陶器，还是已知的人类制造的任何石质工具。

测年结果表明，在埋有卷尾猴制造的工具的地层中，最古老的地层属于 2400 到 3000 年前。因此，这些工具也是在非洲以外最早由非人动物制造的石质工具，很好地记录了在欧洲人入侵之前，美洲的卷尾猴有怎样的生活习性。虽然我们的发掘没有发现任何关于卷尾猴利用植物制作工具的案例，但与人类和其他猿类一样，这种缺失可能是由于石头比木棍更容易保存。

在考古发掘中找到另一个属种的猴子使用过的工具，这是对我们艰辛付出的巨大回报。此外，塞拉达卡皮瓦拉国家公园还为我们准备了另一个惊喜：在同一个考古发掘季，我用视频拍摄到了猴子用石锤砸击另一块嵌在巨大砾岩中的石头的现象。猴子们这么做像是在制造石英粉末，然后用舌头舔或者用鼻子吸。曾有学者观察到同样的现象，但当我在巨大的砾岩周围进行发掘时，还发现了一些之前没有被报道过的现象：这些卷尾猴砸出的石头碎片，与早期人类遗址中的发现的石片有明显的相似性。当时，牛津大学的博士后研究员托莫什·普罗菲特对这些石头做了详细分析，结果表明我们发现了第一个由非人灵长类动物制作的石器——这些石头经过打砸，具有锋利的边缘。

需要澄清的是，我们还没有观察到卷尾猴制造和使用过的锋利石片。到目前为止，在野外的记录中，利用这种石片的现象仍然独属于人类。但是，如果制作锋利石片的现象只是古人类在制造可吸食的粉末时顺便打造出来的，那么有关早期人类的很多考古发现都会遭遇质疑。

例如，考古学家以前倾向于认为，早期人类有意砸碎石头是为了制造石片，用来割肉。然而，通过对卷尾猴的观察，我们必须要想一想这样的可能性：人类祖先在300万年前是否也对锋利的石片没有兴趣？他们制造石片，是否也是一个无意的过程？在他们捡起石片，用来切割东西之前，是否经历了相当长的时间？坦白说，我们不知道，但现在至少需要考虑这种可能性。如果已经有一种可靠的方法可以制造石质工具，那么对于古人类来讲，把可能划伤手脚且危险的废物变成有价值的工具，创造性地用这种工具来切割食物，不过是水到渠成的事情。

更宏大的考古学

无论对于人类的技术演化有什么意义，巴西和泰国的发现意味着我们至少有三种非人灵长类动物的考古遗存。这值得我们停下来思考一下现状。

在最近发表的一篇文章中，我和同事认为，以人类为中心的考古学已经快到尽头了。下一步，考古学将会把过去所有动物的行为都纳入研究范围。我认为考古学只是一种方法，能够在任何动物遗留下的、记录其行为的物质材料上应用。有部分学者或许并不同意这个观点，但是由灵长类考古学家组成的一个小团队的工作却证明，这种观点拓展了我们审视人类和其他物种演化道路的视野。显然，技术——不断加深对材料的认识和学习，并在日常生活中应用——并不是人类特有的。技术的演化，也不一定需要和人类一样的语言、教学方式、团队合作，或者更大的脑容量。每个成年长尾猕猴和卷尾猴的脑容量大约只有成年人类脑容量的 5% 左右。

另外，在近期的灵长类动物的演化过程中，石质工具的使用至少独立出现过四次：在海岸（长尾猕猴）、湖边（人类）、森林（黑猩猩）以及半干旱环境（卷尾猴）。环境的多样化也意味着我们有理由推测，在漫长的历史长河中，相同的行为模式或许在许多灵长类动物中不断上演，即使某个类群现已不存在这种行为或是这个类群已经灭绝了。令人振奋的是，如果这个猜想是对的，那么这些类群曾使用过的石质工具仍然存在，正等待着我们去发掘。

很明显，我们没有理由只停留在灵长类动物身上。在过去几年里，我与德国马普人类历史科学研究所的动物行为学家娜塔莉·乌米尼（Natalie Uomini）、蒙特利海湾水族馆和加利福尼亚大学圣克鲁斯分校的同事共同对美国西海岸野生海獭使用石质工具的行为展开了研究。我们已经注意到，海獭会反复回到海岸上，在它们喜欢的位置砸开贝类，留下带有砸痕的石块和一大堆贝壳碎片——这些废弃物很容易被误认为是古人类制造的垃圾堆。这些长期存在的废弃物对年轻的海獭是一种诱惑，让它们学会使用工具，进而实现技术在海獭群体中的传承。这样的反馈循环其实很像卷尾猴与腰果树之间的循环。

新苏格兰乌鸦（New Caledonian crows）以复杂的认知能力和使用工具的能力而闻名，我和乌米尼还专门开展了与这种乌鸦相关的野外考古工作。新苏格兰乌鸦经常会利用当地的一些特殊地理位置，再加上它们还会使用结实耐用的工具，这就构成了一个考古遗址的必要条件。相关的考古发现可以让我们重建这种动物过去的行为模式。本质上，考古学是一门交叉性学科，加入与古代动物使用工具相关的研究，是理所当然又让人满意的一步。

碰巧的是，在灵长类考古学逐渐兴起的过程中，新系列的《人猿星球》电影也在上映。电影里，虽然我们的远亲（各种猿类）只演化出了比较简单的技术，但这些技术已经大大超越了现实世界中的野生动物。即使制作一个简单的复合工具矛，用一个锋利的矛头和一个分开的木柄组合，起来也需要动物认知上的飞跃，这在野生灵长类动物制造的工具中并没有出现过。在电影《人猿星球》中，猿类对火的控制和穿戴珠宝的行为，也是非比寻常的能力。然而在现实生活中，除了人类以外，还没有其他动物表现出这种行为方式。

但是，电影中那些会使用技术的猿类并不完全是子虚乌有。事实上，它们有一定的可信度。非洲西部的黑猩猩会使用简单的单体矛来攻击较小的灵长类动物，就像卷尾猴猎取蜥蜴一样。在观测黑猩猩使用工具的行为这方面，苏格兰圣安德鲁斯大学的比尔·麦格鲁（Bill McGrew）是最权威的专家，也是早期灵长类考古学的倡导者。他曾报道过，非洲东部的黑猩猩戴过一个用猴子的皮打结制作成的"项链"。

那么在人类尚未深入研究这些动物的时候，它们还发生过什么不为人知的行为？以人类为对象的考古学，已经让我们对人类的演化与多样性有了非常可靠的认识，这是由成千上万的科学家在过去几个世纪中不断付出、花费无数金钱才得到的结果。而作为这些付出的回报，我们拥有了历经数百万年的物质文化材料，这些材料构成了一个庞大的框架，我们可以据此推测和研究人类的演化。但是，对于其他动物，我们才刚刚开始为它们构建这样的框架。只要保持开放的思想，谁知道我们会有什么惊喜的发现？或许是时候去发掘下一个方洞了。

手握小型石刀的远古屠夫

克里斯托弗·因塔利亚塔（Christopher Intagliata）
马 姣 译

　　直立人会利用石斧屠杀大象和其他动物。不过最新的一项研究发现，他们其实也会使用更精细、更复杂的石片。

　　考古学家曾经花费了大量时间去研究远古遗址当中发现的那些光彩夺目的遗物。但是现在，他们开始将目光聚焦在垃圾等废弃物上，发现这些东西也在讲述着远古文明的故事。例如，最近发现，八千年前的粪便揭示出远古的定居人类相较狩猎采集者存在寄生虫感染的情况。现在，考古学家又着眼于另一种石制品——细小石片，它们通常被认为是石斧、薄刃斧等工具的生产过程中出现的一些副产品。

　　"通常很难让科学研究机构相信这些东西的研究价值。因为它们往往都被视为废弃物。"特拉维夫大学考古学家兰·巴尔凯（Ran Barkai）说道。他的团队研究了283块石片，这些石片发现于我们直立人近亲50万年前在以色列的居住地点。

他们在这些1英尺（约30.48厘米）长的石片边缘发现了被人类使用过的证据，如一些小的裂痕。同时他们也发现了一些附着在这些小石片上的骨骼和肉，这些肉很可能来自大象。身形庞大的象类曾经的分布范围非常广，而且是该地区早期人类主要的蛋白质来源。

研究团队尝试用这些石片的复制品去屠宰野猪、鹿和羊。他们发现这样的工具对远古狩猎者来说确实非常实用——剥兽皮、剔肉，削刮下动物身上对人类有用的营养。研究细节和小石刀的照片被发表在《科学报告》（*Scientific Reports*）杂志上。

巴尔凯还表示，这些小石片表明古代人类比我们通常认为的要更加复杂老练。"那个年代没有沃尔玛，所以任何事情他们都要亲力亲为。远古人类几十万年来繁衍生息的历史告诉我们，他们其实非常能干、非常聪明。我相信他们的能力不比我们现代人差。若非他们的卓越智慧，我们将无法生存至今"。

冰河时期的灯

索菲·A. 德伯恩 (Sophie A. de Beaune)
兰道尔·怀特 (Randall White)
马　姣　译

人类最早对火的控制使用，至少可追溯到 50 万年前，这是人类文明史中最伟大创新之一。考古学家和人类学家通常都在强调用火在烹饪、取暖和预防野兽等方面的重要性，但是伴火而来的光亮，也是一种非常宝贵的资源——它拓宽了人类活动的时空范围，将人类从无尽的黑暗中得以解放。在距今约 4 万年前，正值冰河时期，欧洲早期人类发明了燃烧动物脂肪的石制灯，这是目前为止第一次发现人类以这样有效、便携的方式利用火资源。这种灯的出现，广义上同其他一些伟大的文明进程相伴而生，包括艺术、个人装饰品和复杂武器系统等的出现。

很多学者都对这种冰河时期灯的功能和作用进行过推测，但是至今为止还没有人对此开展系统研究。于是，我们开始着手对这些灯具进行系统地研究和类型学分析。与此同时，我们也开始制作这些石制灯的复制品，分析其作为光源的有效性，并了解其设计、制作和使用的更多信息。这项研究的结果为我们了解欧洲最早的某些现代人技术和行为提出了启发性的见解。

1902 年，世界上首个鉴定明确的灯被发现；同年，研究人员还在这个法国的拉茅斯（LaMouthe）洞穴中发现了冰河时期的壁画艺术。考古学家推测，要想在地下数百米的地方创作绘画和雕塑，早期人类一定需要人工光源。在探索拉茅斯洞穴的发掘过程中，他们为这个推测找到了极有说服力的证据支撑：一个制作精巧且有明显燃烧痕迹的砂岩灯具，其底面雕刻了一只野山羊的图像。

自此以后，数以百计或多或少被挖空的遗物被发掘出来，研究人员不加区分地将它们通通都归类为灯。最初的研究目标是对这些杂物进行筛查，并建立起灯的鉴定标准，同时检查此类物体的变化情况。通过检索文献和博物馆藏品，人们发现了 547 件可能是灯具的人工制品。这个工作面临的第一个棘手问题是如何将灯具与其他形状相似的工具（如磨石）区分开来。研究人员很快就发现，物体的大小和形状明显不能作为鉴定标准。例如，灯不必有碗状凹陷；许多完全平坦的石板局部有明显的燃烧痕迹，在诸多情况中，这些痕迹很可能是物体曾被用作灯具的唯一确凿证据。

我们据此推测，在原本被认为是灯的547件遗物中，有245件明显是用作他用的，比如研钵、赭石容器等。其余的302件物品究竟是否被用作灯具，也未可知。然后我们将这302件样品（其中285件有明确的遗址来源信号）分成两大类，其中的169件我们有较大把握认为其确实是灯，但另外133件的功能则存疑，无法开展深入研究。燃料和灯芯燃烧后留下的痕迹往往会随着时间的推移而消失，因此，最古老的灯具也最有可能被归入功能存疑的一类。我们在此研究的灯具，其年代都属于旧石器时代晚期，即距今约4万~1.1万年前。

　　这285盏来源明确的灯具，出自105个不同的考古遗址，这些遗址主要分布在法国的西南部。阿基坦盆地（Aquitaine basin）产出了近60%的灯具；而比利牛斯大区（Pyrenean Region）产出的灯具则约占15%；只有极少一部分灯具来自法国的其他区域；而法国之外——诸如西班牙、德国、捷克和斯洛伐克，产出的灯具则寥寥无几。这种分布模式可能与历史文化研究的差异程度以及法国西南部考古遗址数量庞大等诸多因素相关，但产出灯的文化似乎确实局限于欧洲的某些特定区域。

　　绝大多数已知的石灯是由石灰岩或砂岩制成，这两者在自然界中的分布数量都相当丰富。石灰岩通常天然地呈片状分布，这一优点使其几乎不需要人为地进行什么改造。此外，石灰岩的导热性很差，所以以此制成的灯不会烫手。砂岩的导热性就强得多，所以简陋的砂岩灯一经点燃，很快就会变烫。旧石器时代的先民通常会在砂岩灯上雕一个把手来解决这个问题。砂岩的魅力或许在于其诱人的红色和光滑的质地。

我们的实验表明，灯碗的大小和形状是决定石灯功能的首要因素。以灯碗的形状为主要标准，我们可以把 302 盏旧石器时代晚期的灯分为三大类：开腔灯、碗状闭腔灯和带雕刻手柄的闭腔灯。

开腔灯是其中最简单的。它们由小而平或略呈凹面的石板，或由面积较大且一侧带有天然的空腔的石板制成，以便在脂肪受热融化时排出多余的燃料，这批灯中最大的灯大约 20 厘米高。由于开腔灯没有明显的人工雕刻痕迹，因此在前现代的考古发掘中，很难将其识别出来。因此，在我们当前研究的样本中，开腔灯的数量很可能被低估。

几乎任何一块石板都能用作一盏开腔灯，所以制作这样一件灯可以说是毫不费力。但其代价就是，这一类灯会不可避免地浪费大量的燃料。开腔灯最有可能是一种应急的权宜之计，制造容易且一用即弃。对现代因纽特人的研究发现，即使是那些有能力制作大型精致灯具的人类群体，偶尔也会在没有其他选择的情况下，随手捡起一块在石板并在上面燃起一块油脂。

碗状闭腔灯则是最常见的品种：在发现灯具的不同地区 / 时期的所有类型的遗址中，都有闭腔灯。碗状闭腔灯呈现较浅的圆形或椭圆形凹陷，旨在保留融化的燃料。已发现的碗状闭腔灯既有粗制也有精制，其中有些是纯天然未经加工的，有些则略加修饰，而另一些则完全是人造的。灯的外部也可分为纯天然、部分修饰以及完全人工雕刻这几类。这些灯由椭圆形或圆形的石灰岩块制成，大小通常与拳头相当或稍大一些。这类碗有一个带弧度的面，所以当灯被放置在水平面上时，能够留住液体。通常一个碗状灯大概几厘米宽，但深度仅有 15 至 20 毫米，最大的碗状灯大约可以容纳 10 立方厘米的液体。

冰河时期的闭腔灯跟某些因纽特人使用的灯很类似，例如卡里布、内茨利克和阿留申人，他们能用木材作为燃料，因此不依赖于用灯进行加热。因纽特人居住在树木稀少的林线以北，他们用一块厚达 1 米的滑石设计了大型灯。这些巨大的灯（或许更确切地可以将其视为是炉子）跟其他地方的壁炉功能相似，如烘干衣服、做饭和取暖。当地可获取的木材燃料的质量和数量、壁炉的出现及遗址中灯的类型，这三者之间可能存在着直接的关联。

我们将雕刻有手柄的闭腔灯归类为最复杂的一类，在我们的研究样本中，有 30 个这样的灯是完全通过抛光来塑形、打磨进行精细加工。每个灯都有一个雕刻的手柄，其中 11 个有雕刻纹饰。这一类做工精致的灯在考古遗址中出现的时间要比其他的灯略晚些。首个带有雕刻手柄的灯出现在梭鲁特期（Solutrean，22000 至 18000 年前）或马格达林早期（Lower Magdalenian，

18000 至 15000 年前）文化遗址中。带有雕刻手柄的灯在马格达林中晚期（15000 至 11000 年前）出现得最多，且主要分布在法国的多尔多涅省（Dordogne），其大多被发现于石棚遗址之中，但也见于洞穴和露天营地中。

带有雕刻手柄的灯造型优雅、数量稀少、时空分布有限，这可能意味着其主要用于远古仪式。距今约 17500 年前的拉斯科（Lascaux）洞窟就是一个著名的案例：我们在一个竖井底部的洞穴平面上发现了一盏灯，其被置于一幅猎人与受伤的野牛对峙的图画之上。这盏灯是由天主教牧师阿贝·格洛里（AbbéGlory）发现的，他认为这种灯很可能用于燃烧带芳香气味的树枝，所以可能跟香炉差不多。但相关的化学分析比较有限，不能充分验证这一假设。其他种类的石灯可能就是专门用作光源的。

一盏可以有效使用的燃脂灯，必须要安全、易于携带和抓握且操作方便、足够明亮，可以将光投射到数米之外的地方，比如黑暗的洞穴。在所有旧石器时代的石灯样本中，占主导地位的灯恰恰也在我们的实验中表现出了最佳的效率。这就是前文提到的闭腔灯，带有椭圆形或圆形凹面，两侧略微倾斜而不是垂直。这种倾斜侧面使得人类可以在不移动灯芯的情况下将灯清空（这样，灯芯也就不会被浸泡在融化的脂肪中）。灯的边缘刻有一个缺口或凹槽，也可以在不移动灯芯的情况下将碗内液体排空。我们研究的旧石器时代的灯具中有 80% 使用的是倾斜面。

长期以来，人类学家都认为，动物油脂是冰河时期的灯燃烧的燃料。我们从实验中了解到，最理想的脂肪燃料是那些可以在低温下快速融化的油脂，且最好不要有富含脂肪和结缔组织。海豹、马和牛的油脂是我们实验的灯具燃料中最有效的。但是，它们是否也为旧石器时代的人类所青睐呢？

　　法国波尔多大学和德国波恩大学的盖伊·L.布尔乔瓦（Guy L. Bourgeois）分析了几盏旧石器时代灯具中的残留物，并鉴定其中所含的主要物质。他们用两种高灵敏度的化学分析技术（气相色谱和质谱分析）测量残留物中脂肪酸的碳同位素比值，发现其碳同位素丰度的比值与现代牲畜（如牛、猪和马）的脂肪中的碳同位素比值相似。但遗憾的是，科学家们无法直接获取更新世晚期（约 13 万~10 万年前）动物的脂肪样本。尽管如此，检测到的碳同位素比值与植物脂肪中的比值相差甚远，这说明动物性油脂确实是冰河时期灯具的燃料来源。

　　我们的研究还发现了一些跟制造灯芯的材料有关的新信息。好的灯芯需通过毛细管作用吸收熔化的脂肪，并将其传送到自由燃烧的一端，同时不能过快地消耗燃料。在我们测试的灯芯中，地衣（现代因纽特人所使用的）、苔藓和杜松的效果最好。瑞士联邦森林、雪与景观研究所（Swiss Federal Research Institute for Forest, Snow and Landscape）的弗里茨·H.施魏因格吕尔（Fritz H.Schweingrüer）分析了几种灯中的残留物。他检测出了针叶、杜松和草的残留物，以及其他可能来自地衣或苔藓的非木质残留物。根据我们的经验，杜松灯芯永远不会在火焰中被完全消耗掉，所以它可能比其他植物制成的灯芯更易于保存。

我们可以有把握地根据实验中灯具上的使用痕迹去解释旧石器时代灯具上的标记。这些使用痕迹大概有三种主要形式：烟灰的轻度堆积，木炭的沉积和岩石本身的变红（这一过程被称为红化）。在观察到的所有灯中，有80%的灯发现了煤烟和木炭沉积物位于燃烧区的内部或边缘，这可能正是通常认为灯芯所在的位置。灯的侧面或底面偶尔会发黑，这是融化的脂肪中含有细小的煤烟颗粒在流经过程中产生的。木炭沉积是灯芯碳化或燃烧脂肪的过程中脂肪组织受热改变或煅烧所致。

受热变红通常出现在灯的侧面和底面，但出现于燃烧区边缘或内部的频率也很高（其频率约为67.5%）。现代复制品实验表明，这种变红现象一般发生于热熔脂肪流经灯的侧面或底部时，通常在倾倒灯内的油脂或是灯内油脂太满溢出来时。仅在几次使用后，受热变红现象就会发生，所以据此可以很容易地判断哪些人工制品确实被用作灯。

重复使用一盏灯则会留下不同的图示。如果多次点起一盏标准的开腔或闭腔灯，那么油脂和灯芯的位置就会发生变化。由于这些制作简单的灯并没有固定的朝向，所以最终整个灯碗的表面都会被熏黑并发生红化。设计精巧的闭腔灯都带有手柄，醒目地展示出截然不同的使用迹象。每次被点燃时，这些灯都朝着同一个方向，所以烟灰沉积物只会堆积在灯碗的部分区域——通常在正对手柄的位置。

开腔灯和简单的闭腔灯可能仅在使用过几次后就被丢弃。这些灯的制作太容易了，所以几乎没必要将它们从一处带到另一处。我们发现制作出一盏像样的灯大约只需要不到半小时。有雕刻手柄和装饰的灯具则投入了更多的劳动力，因此更有可能被重复使用。

为了评估旧石器时代的燃脂灯的实用性，我们需要知道它们可以发出多少光亮。德·伯恩（De Beaune）在法国柯达·帕特（Kodak Pathé）的计量实验室，通过检测现代复制品灯的光线输出情况来研究这个问题。实验中的灯所发出的光，从数量、强度和冷发光（luminescence）上都明显不如标准的蜡烛。尽管如此，假设旧石器时代的人和我们有一样的视力，这样的一盏灯依然足以引导一个人穿过一个山洞，或者照亮他们需要工作的地方。

冰河时期灯的这种局限性，说明远古洞穴内壁画的创作者们从未见过他们的作品在现代摄影作品中所呈现的样子。如果光线小于150勒克斯，人类对色彩的感知就会受到限制和扭曲（相比之下，光线充足的办公室通常会达到1000勒克斯），洞穴艺术品的创造者应该很难在这样的条件下工作。而如果要在洞穴中对5米长的图像拥有完整而准确的色彩感知，则需要在距洞穴壁 50 厘米的区域放置 150 盏灯。火炬可以进行辅助照明，但在深山洞中却难觅其踪迹。而在巨大的洞穴画廊，如鲁菲尼亚克（Rouffgnac）、尼奥（Niaux）和三兄弟（Les Trois Frères）中，根本没有或很少发现灯，这意味着这些壁画的创作者可能有其他的替代光源。

如今，当人们欣赏法国和西班牙著名的洞穴艺术时，人工照明所产生的效果根本不同于旧石器时代的观赏者的体验。哥魔洞岩（Font de Gaume）中的电灯在整幅壁画上产生约 20 至 40 勒克斯的稳定光亮。要达到 20 勒克斯的照明水平，将需要 10 到 15 个精心摆放的石灯。如果一个人仅携带一盏石灯，一次只能看到壁画的一小部分，那么洞穴中的艺术品会给他留下非凡的印象。古老的灯散发出摇曳不定的光线，这种昏暗的氛围可能就是在洞穴深处观看艺术品的部分预期效果。在黑暗中突然闪现的动物身影是一种有力的幻象，一些洞穴模糊不清的图像效果可能将更加生动神秘。

当然，除了用于创作和欣赏洞穴艺术，燃脂石灯还会有很多其他的用途。在法国西南部的许多遗址发现了大量的石灯，它们一定是日常生活中相当普遍的物品。迄今为止，发现于山洞中的石灯仅占约 30%，余者皆发现于露天营地、暴露于充足日光下的岩石堆积的掩蔽处和洞穴入口等地方。这三个遗址中发现的石灯，数量（平均每地两到三盏）都没有明显的差异。

灯在遗址中的位置蕴含着古人是如何利用它们的线索。在山洞中，石灯经常位于人们的必经之地，如洞穴的入口、不同洞穴的十字路口和靠墙的位置。石灯似乎被放置在易于找到的地点重复使用。人们也发现许多放在一起的灯具，尤为著名的是拉斯科洞窟（Lascaux）发掘出的 70 盏灯，意味着这些灯在多次使用后都被存放在特定的地点。但很遗憾，我们无法推测到底有多少石灯被同时点燃过。

靠近用火遗迹的位置也经常发现灯。这可能是古人在火中先将其预热，以加热脂肪使其更易燃烧，也有可能是他们将其丢弃并用作炉石（hearthstones）。更有可能的是，这些有用火遗迹的地点是人们往来于黑暗中发光发热的枢纽。研究发现了很多直接倒扣在地上的灯，可能人们在离开之前直接将灯扣在地上熄灭。

至少在一个遗址中，石灯似乎为那里提供了永久的固定光源。考古学家在拉加雷纳（La Garenne）岩石掩蔽处墙壁上的一个小龛窟中发现了两盏灯。一盏灯倒扣着，似乎是为了熄灭火焰；另一盏则被朝上放置于岩壁的小龛窟中，使其保持水平固定。龛窟内壁本身就是天然的光反射器，可以使灯输出的光线最大化。

通过对燃脂灯具的样本进行分类，我们试图了解它们在不同时期数量和形制的变化，但这分析在某种程度上会受制于测年数据的不足。仅最近发现的灯可提供准确的放射性碳 -14 测年信息。

在大多数情况下，我们仅能根据考古发掘中，石灯所在的层位信息对其年代进行推测，在很多早期的发掘中，连这些基本的层位信息甚至都没有被记录下来。尽管如此，现有的考古资料也足够我们对此进行一些一般性的推测。

旧石器时代晚期的最后一个文化阶段，即马格达莱尼亚（Magdalenian）期，这个时期发现的石灯可能反映了一个事实，即已知的马格达莱尼亚期遗址数量本来就很丰富，而且大多数洞穴中的壁画艺术也比之前阶段更多。石灯的年代越古老，就越难进行准确鉴定。

在漫长的历史中，石灯似乎从未出现过令人惊讶的变化。虽然其在形制、原材料和设计上有过一些变化，但是完全没有呈现出任何明确从粗制到精制的进程。尽管带雕刻手柄的灯在较晚的时代更为普遍，但是这三种主要类型的灯在整个马格达莱尼亚时期都普遍发现。更有甚者设计最精致的灯反而出现在旧石器时代晚期的最早阶段，即大约与克罗马侬人前人（Cro-Magnon），也就是解剖学上的现代人在欧洲出现的时期相一致。各种类型的灯极有可能反映了其在特定使用环境中发挥的不同功能，法国所有旧石器时代的文化，应该对简单易制的灯以及雕刻美观的灯都有着普遍的需求。

人造光源使人类摆脱了在日光世界中演化适应的限制，这一进程的重要意义无论怎么强调都不为过。巴黎自然历史博物馆的洞穴艺术专家丹尼斯·维亚卢（Denis Vialou）将马格达莱尼亚洞穴的艺术家们赞誉为"征服地下世界的人"。但是，更准确地说，他们是自现代人祖先以来在漫长演化史中最勇敢的人。他们凭借着聪明才智和技术创新，驯服了黑暗的疆域，永远地改变了人类的生命体验。

第 4 章

食谱的演化：
我即我食

古人类的食谱

彼得·S. 恩戈（Peter S. Ungar）
王雅婧　李刘昆　译

1990 年的一天晚上，在印度尼西亚古农列尤择（Gunung Leuser）国家公园的凯塔姆比（Ketambe）研究站中，我在阿拉斯（Alas）河畔小屋中借着煤油灯的光誊抄笔记。一些事情使我很烦闷，当时我正在为论文收集关于猴子和猩猩吃什么以及如何进食的数据。我的主要思路是将观察所得与它们牙齿的大小、形状和磨蚀结构联系起来。

长尾猕猴具有硕大的门齿和扁平的臼齿，按以往的认知，这种类型的牙齿适合吃水果。但过去 4 年的追踪发现，长尾猕猴除了嫩叶什么都不吃。我当时就意识到牙齿形态与功能间的联系远比教科书上所说的更复杂，动物牙齿的大小和形状并不能指示它们真正吃什么。这可能听起来像一个晦涩难懂的谜题，但对于理解包括人类在内的动物如何演化，具有深远的意义。

作为一名古生物学家，我的工作主要是依据化石记录重建灭绝物种的行为。而我主要关注灭绝动物如何从周围获取食物，并推断环境变化如何引导生物演化。在凯塔姆比的那一年，我开始思考灵长类以及其他种群是如何获取食物的。于是，我仔细观察了生物圈（地球上生命赖以生存的那一部分），从某种程度上来说，它就像一个巨大的自助餐厅。动物在指定的时间和地点内，直接选择能获取的东西。不同物种在自然界中的地位，由它们的选择来决定。

牙齿在食物选择中发挥了重要的作用，因为进食需要适合的"餐具"。然而我在凯塔姆比发现，食物的可获得性在选择中扮演着更加重要的角色。比如猕猴选择吃叶子，是因为这就是生物圈在那个时间、那个地点所能提供的食物。然而随着季节更迭，动物们的食谱也在一年之内变换。那么食物的可获得性如何在百年、千年甚至更大时间尺度上影响一个物种的食谱？

长期以来，我们都是依照形态来推断功能。我们假设，生物体无论做什么，自然界都会为它配备最好的工具。然而，如果形态总是与功能相匹配，那么猕猴就不会选择吃叶子。

我曾经花了数十年时间，研究牙齿化石（包括人类祖先的）上的微磨蚀结构。也有研究人员通过分析食物在牙齿化石上留下的化学成分来追踪食谱的蛛丝马迹。顾名思义，这些"食迹"展示了个体究竟如何选择食物。相较于仅仅依靠牙齿的形态，研究"食迹"也为我们提供了更加丰富的信息。结合当时的古环境记录，我们能够检验关于气候变化如何影响人类演化的主流假说，同时，也能说明，为何只有人类的祖先可以从众多的古猿中脱颖而出。

列姆悖论

对现生动物的观察表明，许多生物会吃它们并不适应的食物。当我还在凯塔姆比时，现在就职于普渡大学的梅丽莎·雷米斯（Milissa Remis）正在收集白鹤口（Bai Hokou）地区大猩猩的食谱数据，这些大猩猩生活在中非共和国丹冈（Dzanga-Ndoki）国家公园的低地热带雨林。那时，许多研究者认为大猩猩已具有特化（指具有相对固定、特征明显）的饮食器官结构，它们食用茎秆、叶子和像野山芹这些草本植物的木髓。研究大猩猩的领军人物黛安·弗西（Dian Fossey）和其他研究人员可以举出很多发生在乌干达和卢旺达维龙加（Virunga）山脉高纬度云林中的例子。大猩猩具有非常特化的牙齿和肠子——具尖嵴的臼齿非常适合切割韧性的植物，巨大的后肠中聚集了大量微生物，可以帮助消化食物中的纤维素。除此之外，在这种高海拔地区几乎没别的东西可吃。

然而，维龙加山脉上的环境特殊，这里的大猩猩只有几百只，是一个小的边缘群体。那么，对于有着 20 万个体、居住在刚果盆地低地热带雨林中的大猩猩群体又会怎样？这些住在白鹤口的大猩猩更偏爱柔软、高糖的水果。雷米斯看到，大猩猩会走上千米的路程，径直奔向果树，而对旁边那些叶子和茎秆视而不见。只有缺乏水果时，它们才会选择含有纤维素的食物。但比起居住在维龙加山脉上的"表亲"，西边低地上的大猩猩十分容易受到惊吓，这限制了雷米斯收集与它们相关的数据。考虑到这些大猩猩的牙齿和肠道，一些研究者怀疑它们是不是真的偏爱水果。

　　还有一个经典的笑话："你拿什么喂一只 180 千克的大猩猩？它想吃什么就给什么。"问题是我们怎么知道大猩猩想吃什么？当雷米斯从白鹤口返回家中后，她立即来到旧金山动物园，向这些大猩猩寻求答案。她提供了各种各样的食物，从甜芒果、苦酸角再到酸柠檬，当然这里面少不了粗纤维的芹菜。结果表明，与难嚼的芹菜相比，动物园的大猩猩明显偏爱高糖的肉质水果，而不是根据自己的牙齿和肠胃情况来决定吃什么。这一发现证实了之前的想法——尽管大猩猩早已适应了一些食物，但它们可能并不喜欢那些食物。也就是说，在维龙加山脉上，大猩猩们一年到头都吃那些难嚼的、富含纤维素的食物，并不是因为它们真的喜欢这些食物，而是因为这是它们在高海拔地区仅有的选择。

在动物界，动物们吃什么，更多是由个体偏好决定的，而不是那些食物适不适合自己吃，这种现象被称为列姆悖论（Liem's paradox），由已故的哈佛大学教授卡雷尔·列姆（Karel Liem）在1980年首次提出。列姆在观察了一种仅见于墨西哥北部谢内加斯（Ciénegas）峡谷的淡水鱼——迈氏德州丽鱼之后，得出了这一悖论。迈氏德州丽鱼的咽喉处长有扁平的、鹅卵石状的牙齿，看起来非常适合碾碎具有坚硬外壳的螺类。然而当更柔软的食物出现时，它们却对螺类视而不见。为什么动物会为了自己不是特别喜欢，又很少去吃的食物专门演化出一套牙齿呢？其实，特化的解剖学结构并不影响它们食用更加喜欢的食物，这种特化只会给动物增加生存空间。

其他灵长类动物也体现了列姆悖论现象，包括生活在乌干达基巴莱（Kibale）国家公园的灰颊白眉猴。白眉猴的白齿较扁平，有很厚的釉质，看起来像是专为了咬碎那些又硬又脆的食物而生。但科罗拉多大学博尔德分校的乔安娜·兰伯特（Joanna Lambert）通过持续的观察发现，白眉猴和生活在它们周围的、牙齿更薄的红尾长尾猴一样，会食用柔软、高糖的水果和嫩叶。然而在1997年的夏天，一切都变了。受厄尔尼诺事件的影响，这里遭遇严重干旱，森林面积缩小。当时树木枝叶枯萎，水果匮乏，猴子们全都饥肠辘辘。白眉猴转而食用树皮和更坚硬的种子，而红尾长尾猴并没有这么做。白眉猴特化的牙齿和下颌使它们能够食用难以咀嚼的食物。这样的适应性即便在每一代猴子中只用得上一两次，也能帮助它们渡过劫难。

不过，特化的解剖结构也可能与偏爱的食物密切相关。比如，居住在科特迪瓦塔伊（Ivory Coast's Taï）森林的乌白眉猴下颌强壮且其牙齿具有厚厚的牙釉质，它们确实更喜欢坚硬的食物。这些乌白眉猴在多数的觅食过程中都在森林地面上搜寻核果木（Sacoglottis tree）的种子，这是一种里面装着类似桃核的果仁。美国俄亥俄州立大学的斯科特·麦格劳（Scott McGraw）认为，乌白眉猴的这种做法可以避免与生活在其周围的十余种灵长类动物争夺食物。正如有大猩猩选择吃难嚼的食物一样，一部分白眉猴自始至终吃坚硬的食物，而另一些仅是在极端情况下才选择这些食物果腹。

类似的例子表明，灵长类动物对食物的选择非常复杂，依靠的不仅仅是牙齿，还有食物的可获得性、物种间的相互竞争以及个体偏好。牙齿的形态只能告诉我们灭绝动物能够吃什么，以及它们的祖先不得不应付的最难咀嚼的食物有哪些。但是要想真正地发现动物在生物圈中的选择，我们还是要从"食迹"下手。

牙齿微磨痕是一种研究"食迹"的常见方法。"食迹"是指在牙齿表面留下的微观擦痕和凹坑等使用痕迹。那些倾向于剪切或撕碎坚韧食物的物种（比如食草的羚羊或者食肉的猎豹），其牙齿在咬合时相互摩擦，被咀嚼的部分也被拖拉着按照同样的剪切方向移动，从而在牙齿上留下平行的长条状擦痕。可以压碎坚硬食物的物种（比如食坚果的塔伊乌白眉猴或者食碎骨的鬣狗）的牙齿表面常呈多坑状，上面布满大小、形状各异的凹坑。

由于这些痕迹本身也会被磨损，或者几天后又被新的痕迹所覆盖，所以当我们考虑不同时间和地点的不同个体时，就可以知道这些个体的食物多样性程度，甚至推测食谱配比。基巴莱白眉猴牙齿的微磨痕与典型的吃柔软水果的动物十分相似，都有纤细的擦痕和微小的凹坑，只有个别标本会出现很深的凹坑。而那些来自科特迪瓦塔伊森林的乌白眉猴与之相反，牙齿表面出现了更多的凹坑。虽然两个白眉猴属种的牙齿形态相似，但正如我们预料的一样，基于"食迹"的观察结果，可以将两种白眉猴区分开来。

远古食谱

根据现生动物牙齿上的微磨痕，以及实地观察到的动物食性，科学家可以通过牙齿化石上的微磨痕来推测灭绝动物每天都吃了什么，对它们的食物选择了解更多。为了达到这个目的，我和同事在分析人类化石的微磨痕上付出了不懈的努力。

古人类谱系图上有很多分支。智人是现存的唯一人种，但曾经有很多人属物种或者古人类共同生活在地球上。为什么只有我们这个分支繁衍生息至今，而其他古人类都灭绝了？当我开始研究其中一个灭绝的分支——傍人属（*Paranthropus*）的食谱时，逐渐发现了一些问题：傍人生活在更新世（距今大约 270 万年到 120 万年前）的东非和南非。没有一个傍人属的成员最终演化为现代人，它们似乎只是游弋在我们早期祖先身旁的演化试验品。傍人拥有厚重的下颌，大而平、上覆厚釉质层的前臼齿和臼齿，以及强有力的咀嚼肌拉伸留下的骨质脊和印迹。这些特征明显是为了适应极端的咀嚼行为所特化的，因此这些人种是进行微磨痕分析的理想对象。

回到 1954 年，约翰·罗宾逊（John Robinson）是首位尝试重建傍人食谱的古生物学家。罗宾逊认为，南非的粗壮傍人（*Paranthropus robustus*）具有大而扁平、被厚釉质层覆盖的前臼齿和臼齿，就是为了研磨植物的某些器官，如嫩芽、叶子、浆果和坚韧的野果。傍人牙齿上的缺口暗示，它们吃的可能是含有砂砾的植物根茎。约翰内斯堡威特沃特斯兰德大学（University of the Witwatersrand）已故科学家菲利普·托比亚斯（Phillip Tobias）对此有不同的看法，他在 20 世纪 60 年代提出，那些缺口是由于食用坚硬的食物，而非含砂砾的食物留下的。托比亚斯当时描述了一个来自东非的傍人属新种——鲍氏傍人（*Parathropus boisei*），当他第一眼看到这个新种的头颅时，说了一句著名的话，"我从未见过更棒的'胡桃夹子'[⊖]了"。

于是考古学家认为，傍人非常擅于压碎坚果。不过，它们与

⊖ 胡桃夹子：夹硬壳果实的工具。——编者注

发现于同一沉积层位的早期人属形成鲜明对比，后者具有更精巧的牙齿和下颌、更大的大脑，以及加工食物的石器。研究人员针对两者间的差异提出了一个十分合理的解释，即稀树草原假说。随着草原遍布于整个非洲，我们人类的祖先也走到演化之路的分叉口。一条路通向傍人，经过演化后，它们可以食用又硬又干的植物，比如食用种子和树根；另一条路通向早期人属，它们逐渐掌握十八般武艺，拥有包括肉类在内的更灵活的食谱。

根据这一理论，食谱的灵活性正是我们繁衍至今的原因。这是一个引人入胜的故事，纽约州立大学石溪分校的弗雷德里克·格瑞纳（Frederick Grine）在 20 世纪 80 年代对牙齿微磨痕做的早期研究表明，粗壮傍人确实比它们的祖先拥有更多的微磨蚀凹坑，这说明它们适应了硬而脆的食物。

2005 年，我和同事罗勃·斯科特（Rob Scott）使用新技术，再一次观察了粗壮傍人的微磨痕。这次，又有了新的故事。平均而言，粗壮傍人的牙齿表面有更多的凹坑，以及更加复杂的微磨蚀结构，但其中一些个体的牙齿表面凹坑较少，微磨蚀结构也很简单。事实上，粗壮傍人牙齿的微磨痕差异较大，这表明尽管确实有些粗壮傍人吃坚硬的食物，而另一些则显然不是这样的。换言之，粗壮傍人的特化解剖特征并不表明它们是食谱特化者。这种想法并非首次提出。早在一年前，圣路易斯华盛顿大学的戴维·斯特雷特（David Strait）和乔治华盛顿大学的伯纳德·伍德（Bernard Wood）就基于间接证据提出，粗壮傍人可能具有灵活的食谱，而我们的工作为列姆悖论提供了直接的证据。

更大的惊喜出现在 2008 年，当时我和同事正在观察鲍氏傍人的微磨痕结构，也就是托比亚斯所说的"胡桃夹子"。鲍氏傍人的下颌在古人类中是最厚重的，牙齿是最大的，上面覆盖的釉质层也是最厚的。我本来期望它们的牙齿有类似乌白眉猴那样的微磨痕，即表面像月球表面一样坑坑洼洼，然而事实并非如此。我们只看到朝四面八方延伸的纤细擦痕。这说明，鲍氏傍人不仅不是食用坚硬食物的"专家"，它们牙齿的微磨痕上也没有半点坚硬食物留下的痕迹。"胡桃夹子"假说瞬间倒塌。那鲍氏傍人究竟吃什么？回答这个问题可能需要另一种分析"食迹"的方法：碳同位素比率。

食物提供了构建身体的原始材料，而其独特的化学特性有时会保留在牙齿上。例如，与乔木和灌木相比较，热带禾草具有更高比例的"重"碳原子（比常见的 6 中子多 1 个中子），可以推测，食用热带草的动物的牙齿上会留下更多的"重"碳。

粗壮傍人牙齿的碳同位素比率显示，它们的食谱以乔木和灌木为主，偶尔还有热带禾草或莎草。这项发现与它们的广适性食谱吻合。但鲍氏傍人具有完全不同的食谱，碳同位素比率显示，禾草和莎草在它们食谱中至少占据四分之三。

这个结果让人有些意外。难道古人类和牛一样？诚然，有自尊的人类是不会靠吃草度日的。但这个结果对我而言非常有意义。这些物种初次登场时恰巧是草原蔓延在东非和南非的时候，这时的生物圈能提供很多种草。如果鲍氏傍人用它们大而扁平的牙齿和强有力的下颌研磨禾草或莎草，而不是压碎又硬又脆的食物，就能精确匹配我和同事在它们牙齿表面发现的微磨痕结构。这种食谱也能够解释为何鲍氏傍人的臼齿损耗得如此之快。

光看傍人巨大而扁平的牙齿，你可能根本想不到，"食迹"显示这两种傍人（鲍氏和粗壮傍人）以完全不同的方式使用它们特化的特征。类似于基巴莱的白眉猴，粗壮傍人的食谱更加广泛多样，包括一些坚硬的食物。但对于鲍氏傍人来说，牙齿和食物之间的不匹配程度，看上去比我们在现生灵长类动物中观察到的还大。大而扁平的牙齿似乎和擅于切草的形态相去甚远，它们不是最好的工具，但只要这种研磨方式优于之前的工具，古人类依然可以用来完成咀嚼的工作。

我们直系祖先（智人属）的微磨痕指向了明显不同的进食策略。比如，更原始的能人是一种大脑较小的古人类，它们保留了一些与树上生活相关的印记；大脑更大的直立人则生活在地上。与南方古猿阿法种和生活在一起的鲍氏傍人相比，能人拥有更多的微磨痕结构——从复杂的凹坑状表面到简单的擦痕表面。这也就暗示，能人的食谱比它们的前辈和同辈的食谱更广泛。而它们的直立人后辈在此基础上有更多样的微磨痕结构，这也表明直立人的食谱得到了进一步扩展。

这些结果有力地支持了气候变化如何影响人类演化的主流模型，可以说，这是一个优于稀树草原假说的模型。在 20 世纪 90 年代中期，已故的地质学家尼古拉斯·沙克尔顿（Nicholas Shackleton）研究过来自深海岩芯的气候数据，他发现气候变化远比稀树草原假说所设想的更复杂。在长时间尺度上，气候确实逐渐变得更干燥、更寒冷，但其中不乏短期的气候波动，这些波动在人类正在演化过程中变得越来越剧烈。

史密森尼学会的里克·波兹（Rick Potts）推断，不稳定的气候波动模式更适合包括古人类在内的广食性物种，这种想法后来也被称为"多样性选择假说"。波兹认为，灵活多变的食谱推动着人类的演化。从这一角度出发，人类演化出更大的大脑和能够处理各种食物的石器确实意义非凡。这两大优势不仅能使我们的祖先在剧烈波动的环境中获得生存优势，而且还能跟上自然界更换食物供应的节奏。从南方古猿阿法种到能人再到智人，它们的牙齿微磨痕变得越来越复杂，这也可以算是多样性选择假说的直接证据。

虽然波兹的理论在提出之后的 20 年内都很受认可，但科学家又在他的基础上推出了其他理论，并提出关于地貌以及绕日轨道的变化如何为人类的演化创造条件的新见解。2009 年，伦敦大学学院教授马克·马斯林（Mark Maslin）和德国波茨坦大学的马丁·特劳特（Martin Trauth）认为，气候的波动令东非的湖泊充盈之后又变得干涸，使裂谷盆地中的生命无可适从。这样的气候变迁导致了古人类种群支离破碎、四处扩散，从而加速了人类演化。在这样动荡不安的岁月里，能以多种食物果腹的技能，增加了古人类存活的几率。

胃口与演化

依照现有证据，科学家能够勾勒出一幅古人类如何适应变幻莫测的世界的图景，但笔触还很粗犷。而理解气候变化如何推动人类演化的最大挑战在于，如何将过去的特殊气候事件与化石记录匹配在一起。

局部环境对全球、甚至局部气候变化的响应方式都不相同。而我们的化石记录过于简单，还没有达到可以精确地讲述物种在什么时间出现，又在什么地点消失的程度。其中的误差可能上十万年或上千千米。也许，我们可以将某一特定属种的演化和绝灭与地球上大尺度灾难事件联系在一起。比如，尤卡坦半岛（Yucatán Peninsula）的陨石撞击事件导致 0.66 亿年前的恐龙灭绝。但是与人类演化史相关的事件只是由暖湿转变为干冷气候的重复性旋回，不同于上述的大尺度灾变事件。因此，演化的具体图景非常难以描绘。而对古人类与环境变化之间的关系，一些近期的典型案例或许可以说明一二。

来自图宾根大学的西雷·艾·扎塔莉（Sireen El Zaatari）、芝加哥洛约拉大学克里斯廷·克鲁格（Kristin Krueger）及其同事近两年对尼安德特人和现代人的微磨痕研究，使我们能从一个全新的角度重新探讨这个谜题。尼安德特人在大约 40 万至 4 万年前统治欧洲和西亚，之后突然消失。那么这期间究竟发生了什么？

有观点认为，野蛮的尼安德特人生活在冰天雪地的环境中，他们身着兽皮，狼吞虎咽地吃着猛犸象和披毛犀的肉……然而实际情况并不总是如此。尼安德特人栖居地随时间、地点不断变化，可以从干燥寒冷的大草原横跨到潮湿温暖的林地。最近，关于尼安德特人臼齿的研究显示，他们生活在森林或混杂环境中，牙齿表面具有的复杂的凹坑状微磨痕也表明他们食用过大量又硬又脆的食物，其中可能还夹杂着粗糙的植物。与之相反的是，踏上开阔草原的尼安德特人的臼齿微磨痕相对简单，扎塔莉及其同事认为，这反映出他们食谱单调，以柔软的肉类为主。克鲁格还发现了两个类群间门齿微磨痕的差异，她认为差异主要来自草原上的尼安德特人使用门齿辅助处理兽皮，而森林里的尼安德特人却食用种类更加丰富的食物。由此可以推断，他们似乎可以随着栖息地以及食物可获得性随时调整食谱，属于灵活的摄食者。

然而，对于生活在末次冰期的欧洲、解剖形态非常接近现代人的古人类来说，这个模式略有不同。生活在开阔环境和草原林地混杂环境中的个体，两者臼齿间微磨痕相差无几。当环境变化时，早期的现代人也许比尼安德特人更有能力获得他们想要的食物。

吃出一个"未来"

研究早期人类的食谱，对我们"吃什么更健康"有十分深远的影响，但这并不是大众期待的膳食指导。"旧石器时代食谱"的专家们认为，我们应该食用祖先在演化过程中选择的食物。他们认为，很多慢性衰退性疾病的发生都是由于我们的食谱和身体所需不匹配导致的。

时不时提醒一下自己，我们遥远的祖先从来不吃玉米热狗和奶昔，这样绝对没有什么坏处。然而这并不意味着我们应该遵循旧石器时代食谱的建议。"食迹"教会我们受气候波动、栖息地变迁以及食物可获得性的变化，早期人类食谱也会随之变化，他们演化成了灵活的摄食者。换言之，并没有一个简单通用的食谱能够让我们直接复制。正是食谱的多样性使我们祖先的足迹遍布全世界，在地球金字塔结构的生物圈自助餐中总是能够寻找到可食用的食物。这也是我们得以生生不息、繁衍至今的奥秘所在。

第一次野外烹饪

凯特·王（Kate Wong）
理查德·朗厄姆（Richard Wrangham）
马　姣　译

人类拥有超大的脑容量、退化的牙齿和肠胃，真是一种怪异的灵长类动物。哈佛大学的理查德·朗厄姆（Richard Wrangham）一直认为，烹饪有效地提高了人类食物的质量，使其更柔软且易被消化，从而为人类提供了更丰富的能量来源，人类诸多怪异的特征也随之产生。他注意到，与其他动物不同，人类无法依靠未加工的食物在野外生存，"我们需要把食物煮熟"。

朗厄姆认为，根据人类祖先化石的解剖学特征，直立人可能在180万年前就已经掌握了用火烹饪的技术。反对意见则表示，烹饪对消化能力的促进作用缺乏明确证据支撑，而且已知最古老的用火遗迹远没有他假说中那么古老。但朗厄姆说，新的发现支持了他的观点。以下是凯特·王（Kate Wong）的采访。

您是如何提出烹饪假说的？

我想到了两点。第一，我一直试图弄清是什么原因导致了人体形态的演变，另外我敏锐地注意到，世界各地的人都使用火。我开始思考，到底要追溯到多久以前，人类才不会使用火。这让我提出了一个假设，就是其实人类一直都在用火，否则将难以生存。人类作为"人属"（*Homo*）这个物种，习惯于在地面上睡觉。如果没有火驱赶野生动物的话，我可不想睡在非洲的地面上。

第二，我研究黑猩猩及其摄食行为已有多年，已经尝过了所有黑猩猩能吃到的东西。但是我对这些食物深感不满，因为它们通常都富含纤维，比较干瘪且含糖量很低。总而言之，这些食物口感粗糙，很难让人接受。因此，人和黑猩猩是两个亲缘关系很近，但饮食习惯完全不同的物种。由此，很容易得出这个假设，即烹饪对我们从自然界中获取的食物有特殊的作用。但我惊讶地发现，至今并没有系统的证据表明，烹饪会提高人类从食物中获得的净能量。

在过去的 14 年中，我一直专注于这个问题，因为要为人类对烹饪食物这一适应行为做出一个合理的解释，就必须发现一些确凿的证据来证明烹饪对食物的作用。现在，哈佛大学的雷切尔·N. 卡莫迪（Rachel N. Carmody）的实验为我们提供了证据：

烹饪会使我们从食物中获得更多的能量。

其他研究人员认为，肉类摄入的增多会使牙齿和肠道发生退化。您认为为什么烹饪假说能更好地解释这些变化？

很明显，人类从 250 万年前就已经开始从大型动物身上获取肉类资源，因为从那时起动物骨骼上就有明显的切割痕迹。烹饪假说并不否认食用肉类的重要性。但是，找到人类在消化系统解剖学上的变化原因是一个核心难题。

当食物短缺时，消化系统面临的选择压力最大。在这种情况下，动物自身的脂肪量很低，而脂肪含量低的肉不是一个好的选择，因为如果食物中蛋白质含量超过 30%，人体快速排除氨的能力就会不堪重负。对当今狩猎采集者的调查发现，在食物匮乏的时期，人类会大量地摄取植物资源，通常是根茎类。如果这类食物未经加工，那人类就需要强大的消化系统来处理这些坚硬的纤维质、低碳水化合物的植物资源，这也就是强大的牙齿和肠道的功劳。

所以，您的观点是，通过烹饪这些植物类食物，人类祖先演化出了较弱小的肠胃和牙齿，也避免了过量食用瘦肉。现在让我们来看看当食物不是那么短缺并且肉质适口性良好时，情况如何。您认为，烹饪有助于早期人类食用更多的肉类，也使其有更多打猎的时间。您的逻辑是什么？

像黑猩猩一样，一个体型跟早期人类相当的灵长类动物，每个白天大约会花一半的时间咀嚼食物。无论您是生活在世界哪个地区的人，现代人每天咀嚼东西花费的时间都不足一小时。因此，如果食用相对柔软易消化的食物，你每天就会省下四五个小时。在狩猎采集者的生活中，人们通常会利用这些时间去狩猎。

这些现象也引出了一个问题，即在人类祖先的咀嚼时间减少之前，他们能通过狩猎获取多少食物？黑猩猩喜欢吃肉，但平均狩猎时间只有 20 分钟，之后又回到吃水果的状态。狩猎是有风险的，一旦失败，就得去吃其他的食物了。如果狩猎活动长期收效甚微，那这种普通又低效率的觅食活动就难以维继。在我看来，只有在烹饪给人节省了大量咀嚼时间之后，人类才能有时间进行一些其他的活动——那些有潜在收益但并不以获得食物为目的的活动。

您还认为烹饪使人类的脑容量变大了，这是怎么做到的？

关于人类大脑的演化，化石证据表明人类的脑容量早在约 200 万年前就已出现较为稳定的增长。为什么自然选择会偏爱更大的脑容量，人们对此众说纷纭。但是人类祖先到底如何支撑起这一个演化特征，至今仍是一个谜——因为大脑消耗了人体过多的能量，且从不休息。

现在纽约温纳－格伦（Wenner-Gren）基金会的莱斯利·C.艾洛（Leslie C. Aiell）和英国利物浦约翰·摩尔斯大学

（Liverpool John Mores University）的彼得·惠勒（Peter Wheeler）支持了我的观点，即当烹饪成为日常所需之后，食品质量的提高有助于缩小肠道的尺寸。这些缩小后的肠道可以节省能量，从而把更多的能量转移到大脑。

2012 年，里约热内卢联邦大学的卡琳娜·丰塞卡-阿泽维多（Karina Fonseca-Azevedo）和苏珊娜·赫库拉诺-胡泽尔（Suzana Herculano-Houzel）使这个问题再起波澜。她们的计算研究表明，人类如果依赖未经加工的原始食物为食，每天要耗费大量的时间用于吃东西才能提供支撑一个人脑大小的大脑所需的热量。她们认为，烹饪使我们的祖先拥有额外的能量来支持更多的神经元，从而使脑容量变大。

其实，烹饪并不是让食物更易消化的唯一手段。那么怎么将其与其他手段相比呢？

例如，通过简单地捣碎来减小食物颗粒的体积和结构完整性，可以使其更易于消化。卡莫迪进行了一项研究：将根茎食物和肉类作为狩猎采集者主要的食物，然后观察老鼠在吃这些食物（生食／熟食或整食／捣碎）时表现如何。她非常谨慎地控制了受试老鼠的进食量和它们四处运动所消耗的能量，并通过体重变化来评估其净能量收益。她发现，捣碎食物对老鼠的影响相对较小，但无论是根茎食物还是肉类，烹饪食物都会致使老鼠的体重显著增加。

这简直太振奋人心了！这是有史以来第一次研究证明，与未经加工的食物相比，动物会从烹饪过的食物中获得更多的净能量。这项研究也表明，即使捣碎加工食物也会对能量吸收有一些积极的影响，但这远不能与烹饪对此产生的影响相较。[⊖]

是否有基因方面的研究证据支持烹饪假说？

目前来看这方面基本上没有任何成果发表。但是我们确实意识到一个非常有趣的问题：我们是否可以在人类基因组中检测到与摄入加工食物相关的证据。这可能与人体新陈代谢或者免疫系统相关，也可能在某种程度上与美拉德反应（美拉德反应是烹饪中产生的一些危险的化合物）有关。未来这将是一个很有前景的领域。

对烹饪假说的一个主要反对意见是，在这一假说所预测的那个年代，尚没有发现人工用火的考古学证据。目前，最古老的用火痕迹发现于南非奇迹洞的一百万年前的沉积物中。听说您最近发现了一个独立的证据，证明人类对火的利用早于考古学记录。这项工作如何支持你的观点呢？

黑猩猩很喜欢吃蜂蜜，但会因为蜜蜂的驱赶而难以大饱口福。相反，非洲的狩猎采集者食用蜂蜜的数量是黑猩猩的 100 到 1000 倍，因为他们会用火。烟雾会干扰蜜蜂的嗅觉系统，所以在

⊖ 朗厄姆是该研究的合作者，成果发表于 2011 年。——编者注

这种情况下，蜜蜂无法攻击人类。那么问题来了，人类利用烟熏获取蜂蜜始于何时？所以我们就要来谈谈响蜜䴕（honeyguide）。大响蜜䴕是一种非洲的鸟类，会把人类引导到蜜蜂所在的地方。这种鸟会被人类的活动吸引，如砍砸东西、吹口哨、喊叫和撞击所产生的"砰砰"声音，或者如今机动车的声音。一旦发现人类，这种鸟就开始在他们面前拍动翅膀，然后通过特殊的呼唤引导人类。响蜜䴕可以将人类引至一千米甚至更远处，到一棵有蜂蜜的树旁边。然后，人类用烟雾驱赶蜜蜂，并用斧头打开蜂箱，就能顺利把蜂蜜从里面取出。这样，响蜜䴕就可以享用剩下的蜂巢蜡了。

人们曾认为，响蜜䴕的引导行为是先天的，不是后天习得，这源自其与蜜獾的合作，后来人类也开始采取这种行动。但是在过去的 30 年人们很清楚的一点是，蜜獾极少会被响蜜䴕引导到蜂蜜跟前。如果除了人类以外，没有其他生物与鸟类具有这种共生关系，那么是否存在某些已经灭绝的物种，会喜欢与响蜜䴕合作呢？显而易见，最合理的候选者就是人类灭绝的祖先。这个论点有力地表明，人类祖先使用火的历史久远，足以左右自然选择。

剑桥大学的克莱尔·斯波斯蒂斯伍德（Claire Spottiswoode）发现有两种雌性大响蜜䴕：一种将卵产在地面的窝中，另一种将卵产在树上鸟巢里。她发现这两种行为与线粒体 DNA（线粒体 DNA 位于细胞的产能组分中，会从母体传给后代）的不同谱系有关。在对突变率进行比较保守的评估后，斯波斯蒂斯伍德及其同事们认为这两个谱系早在大约三百万年就已分离（这是基于大响蜜䴕这一物种年龄的最小估计值）。这并不一定意味着这种依靠人类用火的引导行为有三百万年这么古老，不管比三百年少多少，它告诉我们该物种已经足够古老，有时间进行多方面的演化。

如果烹饪是人类演化的驱动力，那么这个结论对当今人们的饮食方式有什么影响？

这让我们明白，吃生食与吃熟食是完全不同的饮食方式。因为我们不考虑加工食物的后果，就误解了从饮食中获得的净能量。有一种情况后果非常严重，如果专注于生食饮食的人不了解其对孩子的影响，而只是说："好吧，动物吃生的食物，而人类也是动物，那么我们这么吃应该没问题。"如果你这样抚养孩子的话，那将会非常危险。每个人是彼此不同，如果你想减肥，吃生食没问题。但是，如果有人想增加体重，例如小孩或很瘦的成年人，那么就最好别这么吃了。

我们与面包一万四千多年的羁绊

克里斯塔尔·D. 德科斯塔（Krystal D'Costa）

马　姣　译

　　印度人有烙饼（roti）、馕（naan）、抛饼（paratha）和馅饼（daal puri），亚美尼亚人有亚美尼亚式面包（lavash），埃塞俄比亚人有英杰拉（injera）[⊖]，法国人有圆形白面包（boule）、奶油蛋卷（brioche）和法棍，英国人有司康饼（scone），波兰人有哈拉（challah）面包，这只是几种来自世界各地不同类型的面包。尽管面包广布各地，但许多人却将其视为"不健康"食品并且尽量

⊖　roti：未经发酵的烙饼（烙饼，烤饼）；
　　daal puri：油炸膨化面包；
　　lavash：细长、扁平、松脆的面包；
　　injera：有独特的海绵质感的发酵面包。——译者注

不去吃（除了出于健康因素的考虑之外，如麸质不耐受）。然而，根据最近的一项研究，人类与面包的关系至少可以追溯到14400年前，也可能更早，但我们有证据证明面包已经存在这么久了。面包为什么对人类这么重要？它改变了我们对人类祖先的饮食以及他们与环境之间关系的理解，同时也挑战了我们对饮食的思考和认知。

在约旦东北部的黑沙漠地区，一群距今约1.45万至1.16万年的狩猎采集者在此建造了一个营地。可能比营地略胜一筹，据该遗址的发掘报告记载，这里发现了"舒巴卡1号"（Shubayqa 1）的两座保存完好的层叠建筑物。它们都是半地穴式结构，带有用当地产出的玄武岩建造的石板路。我们将其中年代较早的建筑物命名为1号，那里有两个先后建造的火塘，我们的故事将从此处展开。居住在这的先民最后一次使用这个火塘后没有清理，所以整个火塘被约0.5米厚的沉积物所覆盖。随后，舒巴卡1号的先民在旧火塘之上又建造了一个新的。他们同样在最后一次使用后原封不动地保留了这个火塘的样子。正是在这些遗址中，发现了"面包状"的物品和烧焦的植物残留。在这些植物残留物中，最常见的是一些莎草类植物块茎，这一点值得注意，因为这些植物很适合于加工成粉状以供食用。

考古学家从第一个年代较早的火塘中找到了22个"面包状"的遗物，并从第二个较晚期的火塘中也找到了两个。吃过面包的人都知道，面包的热量虽然很高，但它们没法保存这么长时间。那么，我们怎么确定这些东西就是史前面包？在考古记录中，这类遗物可分为三类，即区分薄饼（flat bread）、生面团（dough）和稀粥状材料的（porridge-like materials）。要判断是否为面包，就要测量烹饪过程中由于气室膨胀而产生的孔隙。基于这个标准，从舒巴卡 1 号建筑中发现的面包状遗物可能就是未经发酵的薄饼，因为其中的 16% 的样品有大小约 0.15 毫米的孔隙。这与其他发现于欧洲和土耳其新石器时代和罗马时代遗址中的"薄饼"差不多。

如果你还不相信，让我们来看看从火塘中找到的植物材料吧。科学家们发现了 65000 多个草本植物的大植物遗存，至少涵盖了 95 个分类单元，莎草类植物的块茎最为常见，另外还有豆科植物的种子、野小麦、大麦和燕麦。民族植物学证据以及经验性活动表明，经过研磨加工的莎草块茎要比整块蒸煮更易于食用。科学家的报告中说，只用莎草块茎做成的面包很脆易碎，但是加点小麦粉就更易成型，也更容易在火塘中，即筒状泥炉烤箱中进行烤制。在土耳其和荷兰新石器时代晚期食物遗址中，莎草块茎就是以这种方式被利用的。此外，在该地点发掘出的野生小麦和大麦谷粒中，有 46% 在破碎边缘观察到了鼓起的图案，这说明其炭化之前被研磨过——也证实了其被研磨制作的利用方式。

面包是人类烹饪史的一部分，在整个欧洲和西南亚地区的新石器时代遗址中有其踪迹。最早的面包来自约 9500 年前的土耳其安纳托利亚（Anatolia）。这以前发现的都可以追溯到农业革命，这当然是合乎逻辑的。毕竟，在做面包之前，人类必须耕种、收割、给谷粒脱壳、研磨，再和成面团，然后建造火塘或炉坑进行烤制。这需要时间和精力的投入，但并不意味着在农业兴起之前人类做不到这些。

舒巴卡 1 号遗址的史前居民并不以农牧为生，而其中在约旦发现的遗物年代更久远，属于农业兴起之前的另一个文明阶段。舒巴卡 1 号与纳吐夫（Natufian）文化⊖有关，后者处于从旧石器时代向新石器时代过渡阶段。纳吐夫文化的直系后代可能建立了农业社会并延续至今。但纳吐夫先民却过着半定居的生活，他们建造了类似舒巴卡 1 号的营地，但还是会根据某种自认为有意义的节奏进行迁徙。小麦和大麦在西南亚都有野生分布，所以，这里的古人类已很熟悉这些谷物。结合发掘出的面包遗物与定居点火塘的最后使用情况，可以推测那时先民可能正在制作面包这种便携食物——重量轻、保存时间久且热量高，这正是半定居人群的理想选择。又或者，考虑到生产面包所耗费的工作量，这也很可能是一种节日食品，仅在特殊情况下才能享用。

无论是上述哪种情况，可以确定的是，在农业出现之前，面

⊖ 纳吐夫文化：西南亚地区的考古学文化。——译者注

包不是先民的日常食物。与先前缺乏证据的情况相比，这些发现告诉我们，这个地区的狩猎采集者与自然环境之间的互动方式有所不同。人们通常从动物和海产品的方面探讨狩猎采集者的饮食，因为这些遗物在考古遗址中被大量发现。但在考古遗址中植物材料很难保存，而我们对这些植物遗存的分析研究才刚刚起步。约旦的遗物向我们展示了舒巴卡1号的先民如何加工植物资源并制作食品，这可能会对我们当下流行的饮食风尚产生一定的影响。

目前在美国，碳水化合物被视为不利于健康的食物之首，许多人都不愿意吃面包、大米和其他类似的食品。但问题是，人体确实需要碳水化合物，但我们却常常不去区分简单碳水化合物和复杂碳水化合物，而是给所有此类食品都贴上有害健康的标签。这催生出一些特殊的饮食方式，例如原始人饮食法（Paleo diet），这是为了模仿我们的祖先——旧石器时代的狩猎采集者。使这种饮食方式风靡一时的原因，是这些人认为人类在基因上还不适应吃这些种植加工的食物。所以这种饮食方式坚信，人应该主要以瘦肉和鱼类作为主食，不吃乳制品、豆类或谷类食品，因为我们的狩猎采集者祖先不吃这些。

但是，我们正了解到，我们对祖先饮食的认知仅限于这之前的考古记录。农业的兴起并不意味着从前饮食方式就不存在了，但这确实重塑了人类的生活方式，也无疑对我们的健康产生了深远的影响。烹饪食物为早期人类提供了更多的能量，也促进了大脑的发育和体重的增加。但这种成功也让我们深受其害：我们太会吃，也太能吃了，所以现代人类每天摄入的热量要比实际能消耗的要多。在漫长历史中，人类与食物和食物生产之间的关系不是一成不变的，我相信15000年前的人类对这种关系的认识肯定很有限。现在我们知道这种关系是动态的，随着对人类演化史不断深入的探索，我们对人类和食物之间关系的理解也将逐渐深入。

除非能在医学领域中找到一个不要吃碳水化合物或谷物蛋白的原因，人类和面包之间的羁绊会一直复杂下去，因为正是人类自己造就了这种复杂性。在对吃什么和怎么吃有更深刻的认识之前，这种复杂性将与人类如影随形。

人类为什么要"喝牛奶"？

安德鲁·库里（Andrew Curry）
马 姣 译

20 世纪 70 年代，考古学家彼得·博古基（Peter Bogucki）在波兰中部肥沃的平原上发掘一个石器时代遗址，他在此发现了各种各样奇怪的古器物。大约 7000 年前，居住在那里的先民是中欧最早的一批农民，他们遗留下了布满小孔的陶器碎片。这些上粗糙的红陶看起来像是在烧制时用稻草穿了小孔。

回溯考古文献时，博古基发现了其他古代穿孔陶器的例子。现就职于新泽西州普林斯顿大学的博古基说："它们很不寻常，你总能在出版物中找到其踪迹"。他曾在一个朋友家看到过类似的东西，是用来过滤奶酪的，所以他猜想这类陶器可能与奶酪制作有关。但是他无法验证这个想法。

这些神秘的陶片一直无人问津，直到 2011 年，梅兰妮·罗菲特 - 萨尔克（Mélanie Roffet-Salque）对这批古老陶片黏土中的脂质残留物进行了分析研究。英国布里斯托大学的地球化学家罗菲特 - 萨尔克（Roffet-Salque）在其中发现了大量的乳脂的残留物标记——这说明早期的农民已将这种陶器用作筛子，将脂肪含量高的乳固形物与液体乳清分离开。这些波兰古陶器成为世界上最古老的人类制作奶酪的证据。

罗菲特 - 萨尔克的调研工作是欧洲乳品历史发现浪潮的一部分。这是一个始于 2009 年，花费 330 万欧元（440 万美元）的研究项目，有一批考古学家、化学家和遗传学家参与其中。该小组的研究结果阐明了乳制品在塑造欧洲人类定居生活方式时所产生的深远影响。

在冰河时期晚期，乳品其实对成年人有毒。成年人无法像儿童一样在体内生成分解乳糖（奶中主要的糖分）所需的乳糖酶。但从大约 11000 年前开始，当中东地区的农业生产逐渐取代狩猎采集时，这些牧牛的先民便学会了如何通过发酵牛奶来制成奶酪或酸奶，从而将乳制品中的乳糖降低到成年人耐受的水平。几千年后，整个欧洲人群发生了一种遗传突变，使人类有能力产生乳糖酶——从而可以终生喝牛奶。这种适应为人类开辟了一种新的高质量营养来源，当其农业收成不佳时，奶制品也可以维持早期先民整个族群的生活。

这场"两步走"的牛奶革命可能是使欧洲南部的农牧业先民席卷整个欧洲，并取代在那里生活了数千年的狩猎采集文化的一个主要因素。伦敦大学学院的人口遗传学家马克·托马斯（Mark Thomas）说："从考古学的角度来看，南部的农牧民确实迅速扩散到了北欧。"那波移民浪潮给欧洲留下了持久的烙印，因为与世界上许多地区不同，现在，大部分欧洲人都对牛奶耐受。托马斯说："可能现代欧洲人中有很大一部分是欧洲最早的那批能产生乳糖酶的先民的后代。"

强大的消化系统

幼儿几乎都能产生乳糖酶，用以消化母乳中的乳糖。但长大后，大多数人的乳糖酶基因都会关闭。在七八岁以上的人中，只有 35% 可以消化乳糖。"如果你乳糖不耐受，喝半品脱（约 568 毫升）牛奶肯定会生病。"英国约克大学的考古学家奥利弗·克雷格（Oliver Craig）说，"你会突然严重腹泻——其实就是痢疾。这并不致命，但真的很不舒服。"

大多数有能力消化牛奶的人都可以从基因上追溯到欧洲，这种特质的形成似乎与单个核苷酸有关，乳糖酶基因附近区域的DNA 碱基胞嘧啶从胞嘧啶转变为胸腺嘧啶。在西非、中东和南亚及其他乳糖耐受的地区，这似乎与不同的突变有关。

欧洲的单核苷酸转换是很晚才发生的。托马斯和他的同事们通过观察现代人群的遗传变异，并用计算机模拟来研究相关遗传突变如何在古代人群中传播，从而估算突变发生的时间。他们提出，控制乳糖酶持久性的 LP 等位基因（LP allele）大约在 7500 年前就出现在广阔而肥沃的匈牙利平原上。

强大的基因

LP 等位基因出现后，人体便有了一个很重要的自然选择优势。在 2004 年的一项研究中，研究人员估计，携带这种基因突变的人要比其他人能多繁衍出 19% 的后代。研究人员称"这个基因选择的程度是迄今发现的所有基因组中最强的。"

历经数百代人之后，携带这种基因优势的人群几乎占领整个大陆。托马斯说，前提是"这类人群要有获取鲜奶和乳制品的来源，这就是基因与文化的协同演化——二者彼此依赖、各取所需。"

为了研究这种基因和文化相互作用的历史，托马斯与德国美因茨约翰内斯古滕贝格大学的古生物学家约阿希姆·伯格（Joachim Burger）以及约克大学的生物考古学家马修·科林斯（Matthew Collins）进行合作。他们组织了一个多学科项目（LeCHE，欧洲早期文化史中的乳糖酶持久性），该项目汇集了来自欧洲各地的十几名专业研究人员。

通过人类分子生物学以及古代陶器的考古研究和化学分析，

LeCHE 参与者还希望解决有关现代欧洲人起源的关键问题。托马斯说:"这在考古学中是一个经久不衰的热点——现代欧洲人到底是中东地区的早期农民还是欧洲本地狩猎采集者的后代?"这个争论其实可以归结为到底是演化还是替代。欧洲以狩猎采集为生的先民是否也从事耕种和放牧?或者,结合了基因和技术的优势后,大量涌入欧洲的农业人群在与原住民的竞争胜出?

考古遗址中发现的动物骨骼为这项研究提供了一连串的证据。如果养牛主要是为了挤奶,那么小牛通常在一岁前就会被宰杀,这样才能获得牛奶。但如果是为了吃肉,那么人们通常会等到它们长得足够大才会宰杀。如果不考虑年代的问题,绵羊和山羊跟牛的情况相似,这也是乳业革命的一部分。

根据对骨骼生长方式的研究,法国国家自然历史博物馆的动物考古学家、也是 LeCHE 参与者的吉恩 - 丹尼斯·维尼(Jean-Denis Vigne)认为,中东的乳制品利用可以追溯到当地先民最早驯化动物的时期——大约 10500 年前,也就是中东新旧石器时代过渡期之后,农业生产逐渐取代了以狩猎采集为基础的生业模式。巴黎博物馆的另一位动物考古学家罗斯·吉利斯(Roz Gillis)说:"获取乳制品可能是早期人类开始捕获并饲养反刍动物(如牛、绵羊和山羊)的原因之一。"

在考察了欧洲和安纳托利亚地区(Anatolia,现位于土耳其)150 个遗址的动物骨骼生长情况之后,吉利斯说:"乳制品业伴随石器时代的转型而扩散。在大约两千年的时间里，农业活动从安纳托利亚蔓延至北欧，乳制品业也遵循着类似的模式。"

就其自身而言，动物骨骼的生长模式并不能直接说明欧洲的新石器时代的变迁是通过演化还是替代发生的，但牛骨为研究这个问题提供了重要的线索。在初步研究中，伯格和其他一些LeCHE参与者发现，与欧洲新石器时代遗址中驯化的牛亲缘关系最密切的并非本土的野牛，而是中东的驯化牛。伯格说，这有力地表明，那些迁徙来的早期先民将他们自己的牛带到了这里，而不是在欧洲本地进行驯化。对欧洲中部一些遗址古人类 DNA 的研究也发现了类似的情况，这表明那些新石器时代的欧洲农民并非源自之前居住于此的狩猎采集者。

综上所述，这些数据厘清了欧洲最早期农民的起源问题。伯格说："很长一段时间以来，欧洲大陆考古学的主流观点都认为，中石器时代的狩猎采集者发展成了新石器时代的农民，但我们的研究发现事实并非如此。"

吃奶还吃肉

从 LP 等位基因出现于欧洲之前的几千年前开始，中东地区的古人类就已开始发展乳品利用的产业，这意味着他们必须找到降低乳品中乳糖浓度的有效方法。他们可能是制作奶酪或酸奶（发酵奶酪——例如羊乳酪和切达干酪，其中的乳糖含量仅仅是新鲜牛奶中乳糖含量的一小部分；像帕尔玛干酪这样的陈年硬奶酪中则几乎不含乳糖）。

为了验证这一理论，LeCHE 的研究人员对古陶器进行了化学分析。这些粗糙、多孔的黏土含有足够的残留物，供化学家辨别烹饪过程中吸附在陶器中的脂肪类型：到底是肉还是奶，是来自反刍动物（例如牛、绵羊和山羊）还是其他动物。布里斯托大学的化学家理查德·埃弗谢德（Richard Evershed）说："这让我们有办法辨别先民当时正在烹饪的到底是什么东西。"

埃弗谢德和他的 LeCHE 合作者发现来自新月沃地——中东地区的陶器上残留的乳脂可以追溯到至少 8500 年前。罗菲特 - 萨尔克在波兰陶器的研究发现，距今 6800 至 7400 年以前的欧洲先民会生产奶酪作为饮食的补充，这也为乳制品的存在提供了明确的证据。可以说到那时候，乳制品已成为新石器时代饮食中的一部分，但它尚未成为这种生业模式的主导成分。

乳业革命的第二步进展则比较缓慢，似乎需要将这种乳糖酶持久性进行传播。在 LP 等位基因它首次出现后，就开始在古代人群中变得比较普遍：伯格在古代人类 DNA 样本中寻找突变，发现其直到 6500 年前才在德国北部地区出现。

LeCHE 参与者、伦敦大学学院的人口遗传学家帕斯卡尔·格博（Pascale Gerbault）通过建模，来解释该性状如何进行传播。随着中东地区的新石器时代人群进入欧洲，他们的种植和畜牧养殖技术助其战胜了欧洲本地的狩猎采集者。格博说，随着南方人北进，LP 等位基因也被席卷在了移民浪潮中。

在南欧的部分地区，我们很难重建乳糖酶持久性的演化史，因为在这个遗传突变发生之前，新石器时代的农民就已经在此定居。但是随着农业文明向北和向西扩张到新的领地，乳糖酶持久性的优势便产生了很大的影响。格博说："随着人群数量在移民浪潮边缘地带的快速增长，等位基因发生的频率也会增加。"

这种演化模式遗留的影响延续至今。在南欧，乳糖酶持久性的人口相对较少，在希腊和土耳其只有不到 40%。相比之下，在英国和斯堪的纳维亚半岛，超过 90% 的成年人可以毫无障碍地消化牛奶。

牛的征途

在距今约五千年前的新石器时代晚期和青铜时代早期，LP 等位基因已广布北欧和中欧地区的人群，养牛也已成为该地区文化的主导组分。伯格说："早期先民发现了这种生活方式，一旦他们真正从中获得了营养方面的益处，他们就会加大对畜牧养殖的投入。"在欧洲中部和北部的许多新石器时代晚期和青铜时代早期的考古遗址中，发现的牛骨占了所有动物骨骼的三分之二以上。

LeCHE 的研究人员仍在探索，为什么在这些地区食用乳制品会带来如此巨大的优势？托马斯认为，在北迁的浪潮中，乳制品可以有效抵御饥荒，因为其不仅可以在寒冷的气候中保存更长的时间，还能提供高能量的热量来源，且无关生长季节或歉收的影响。

另一种观点则认为，牛奶在欧洲北部地区可能更具优势，因为其中富含维生素 D——这是一种可以帮助抵御佝偻病等疾病的营养元素。人体只有暴露在阳光下才能自然合成维生素 D，所以欧洲北部地区的人在缺少阳光的冬季很难获得足够的维生素 D。但是乳糖酶持久性也扎根于阳光明媚的西班牙，所以这种有关维生素 D 的理论受到质疑。

LeCHE 项目提供了一个成功的范式，即如何综合利用多种学科的研究方法和工具来解决诸多考古学问题。该项目中伦敦大学皇家霍洛威学院的古遗传学家伊恩·巴恩斯（Ian Barnes）说："这个项目覆盖面很广，包括考古学、古人类学、古代 DNA、现代 DNA 和化学分析，但这些学科都聚焦于一个问题上，有许多其他类似的考古学问题可以借鉴这种多学科融合的方法进行研究。"

例如，该方法可以用于厘清淀粉酶（一种有助于分解淀粉的酶）的起源。研究人员认为，随着农业的发展，人类对谷物的喜爱程度不断增加，而这种酶也可能应运而生——或使之成为可能。科学家们还想追踪乙醇脱氢酶的演化，这是分解酒精的关键所在，所以能揭示人类对酒精饮品的喜爱源于何时。

作为一个名为 BEAN（Bridging the European and Anatolian Neolithic，意为衔接欧洲和安纳托利亚新石器时代）项目的一部分，一些 LeCHE 参与者现在正在回溯更久远的历史，探索第一批农牧民如何进入欧洲。格博、托马斯和 BEAN 项目的合作者将于今年夏天在土耳其使用计算机模型和古 DNA 分析来追踪新石器时代人类的起源，以期更好地了解这些早期农牧民究竟是谁以及他们何时抵达欧洲⊖。

在这次研究中，他们将会邂逅土耳其羊奶酪（beyaz peynir）——一种咸的用羊奶制成的奶酪，几乎会出现在每一个土耳其人的早餐中。这可能很像 8000 年前当地新石器时代的农民正在享用的奶酪——早于乳糖酶持久性的出现让人们能够享用新鲜乳品之前。

⊖ 本文发表于 2013 年。——编者注

第 5 章

沟通：语言、
文化和艺术

语言的产生

克里斯汀·肯尼利（Christine Kenneally）
俞秋彤　胡锦华　译　　俞建梁　审校

　　海豚会互相给对方起名字，还会在面对来自鲨鱼或人类的威胁时，发出"咔嗒"声或尖叫声。海豚妈妈也会把一些零碎的生活诀窍传授给幼仔，比如怎样捕鱼或逃跑。然而，它们如果拥有跟人类一样的语言，就不仅能够传递少量零碎的信息，还能将信息汇集成一个广博的关于世界的知识体系。经过一代代海豚聪明的实践，由两至三种甚至更多要素组成的复杂知识和技能将会发展起来。这样的话，海豚也会有自己的历史。一旦有了历史，它们就能了解其他海豚群体的旅程和想法。任何一只海豚就有机会知晓几百年前的海豚的生活，并从那里继承某些语言片段，比如一个故事或一首诗。通过语言，早已作古的海豚祖先将能留下智慧，并感动它的后代。

只有人类才能做出时空之旅这样的壮举，正如只有人类才能进入平流层或烘烤草莓酥饼一样。因为拥有语言，我们才拥有现代科技、文化、艺术，才能开展科学研究。我们还拥有提出问题的能力，比如为什么语言为人类所独有？尽管可供继承的知识积累已经无比丰富，但我们对此还没有一个很好的答案。目前，一支汇聚了脑科学家、语言学家、动物学家和遗传学家的研究团队正在尝试回答这个问题。

一个无法回答的问题

长期以来，人们一直默认语言为人类所特有。但是，试图揭示人类语言的秘密却一度是研究的禁忌，着实令人匪夷所思。19 世纪 60 年代，巴黎语言学会禁止讨论语言的演化，而伦敦语文学会在 19 世纪 70 年代也发布了类似的禁令。他们这样做可能是为了杜绝不科学的猜测，也有可能是出于某种政治目的。不管到底是出于什么原因，在随后的一个多世纪里，人们对这个话题一直谈之色变。诺姆·乔姆斯基作为麻省理工学院出色的语言学家，几十年来对语言演化一直持有十分漠然的态度，极大地影响了这一领域的发展。⊖

⊖ 作者和乔姆斯基对"语言演化"有不同的研究内容和取向。乔姆斯基认为，"语言演化"指语言有机体的演化，任何使用"语言演化"进行研究交际、感觉运动系统或者口语特征等都具有严重的误导性。——译者注早在 20 世纪 90 年代，我曾在澳大利亚墨尔本参加了一个语言学本科生课程，当我问及语言是如何演化的问题时，授课老师告诉我语言学家从不会问这个问题，因为它根本无法回答。

令人庆幸的是，仅仅过了几年，来自不同学科的学者就开始认真研究这个问题。早期的语言演化研究发现，语言为人类独有是一个显而易见的事实。在人类语言当中，一套极其复杂而又相互关联的规则将声音、词语和句子组合起来产生意义。如果其他动物也有这样的系统，我们应该能够辨别出来。问题在于，经过相当长的一段时间，在使用了各种不同的研究方法之后，我们似乎并未在人类身上发现任何独特之处来解释，包括人类的基因和大脑。

可以肯定的是，我们已经找到了一些人类特有的生物学特征，而且它们对语言至关重要。例如，人类是唯一可以自主控制咽喉的灵长类动物。虽然咽喉带来了窒息的风险，但也可以让我们发声说话。然而，这个看起来似乎专门为语言设计的器官，却不能充分解释语言强大的用途和无比的复杂性。

在今天，这个悖论似乎不仅在于语言本身，也在于我们如何看待语言。长期以来，我们一直热衷于把语言视为一种突然发生的变化，正是它将猿类变成了人类。这种质变观点与其他一系列同样引人注目的观点密切相关。有人说，语言是完全独立的存在，与其他类型的心智活动几乎没有任何共同之处；也有人说，语言是一种极具变革性的适应性演化；还有人说，语言包含在人类的 DNA 当中。我们一直在寻找一场关键的生物学事件，正是它使人类在大约 5 万年前产生了复杂的语言。

来自遗传学、认知科学和脑科学研究的发现，正在揭示出一个不同的答案。语言似乎并非是一种绝妙的适应演化。语言并未编码在人类的基因组中，也不是人类高级大脑的必然产物。相反，语言的产生建立在多种能力的基础上，有些能力非常古老，其他动物身上也有，只有为数不多的能力是人类新近获得的。

动物有语言吗

首先质疑语言为人类所独有这一观点的是动物学家。正如比较心理学家海蒂·林恩（Heidi Lyn）指出的那样，要确定人类语言的独特之处，唯一的办法就是了解其他动物的能力。有趣的是，几乎每当研究人员提出，人类因为拥有语言能够做一些其他动物所不能做的事情时，就有一些研究表明有些动物也可以做到这些事情，至少在某些时候可以。

以手势为例。虽然有些手势是很个人化的，但也有很多手势，在一种语言团体、甚至在全人类身上都是通用的。很显然，语言是作为交流系统的一部分而演化出来的，手势也是如此。但是，一项里程碑式的研究表明，黑猩猩也能做出有意义的手势。德国马普进化人类学研究所的荣誉退休教授迈克尔·托马塞洛发现，所有的类人猿都会等到引起其他同伴的注意后才发出信号，并且还会重复手势，直到对方做出适当反应。黑猩猩通过拍打地面或拍手来吸引外界的注意，而且还会用手臂抱头（通常是发动攻击的标志）。

尽管如此，托马塞洛却发现猿类很难理解人类用来传递信息的指示性手势，比如指出物体隐藏的位置。那么，指示——或者更确切地说，具备完全理解指示性手势的能力，是语言演化的关键一步吗？曾在猿类认知与保护中心（Ape Cognition and Conservation Initiative）研究倭黑猩猩的林恩觉得这种说法很荒谬："每当我指着物体时，我研究的猿类都能明白。"但是，当她在埃默里大学的耶基斯国家灵长类动物研究中心（Yerkes National Primate Research Center）对黑猩猩做指示实验时，她惊讶地发现，那里的猿类根本不理解她的指示手势。然后，她回到自己的实验室，对倭黑猩猩进行了测试。所有的倭黑猩猩却都能理解她的手势。

林恩的结论是，对能够理解和不能理解指示性手势的猿类来说，二者的差异跟生物特性没有丝毫关系。倭黑猩猩曾被教会使用简单的视觉符号与人类交流，而黑猩猩则没有。

林恩说，也正是因为倭黑猩猩被人类教过，才让人们无视它们具备的一些能力，仿佛它们在某种程度上受到了破坏。对鹦鹉、海豚和其他动物的语言研究也因此大打折扣。但林恩认为，在另一方面，这些被人类训练过的动物也提供了有价值的信息。如果有着不同大脑和躯体的生物能够学习一些类似人类的沟通技能，那就意味着语言不应该被定义为完全为人类独有而与其他动物毫无关联的特征。此外，虽然语言可能会受到生物特征的影响，但却并不一定由其决定。就倭黑猩猩而言，理解人类手势的关键因素是文化，而非生物特征。

语言基因

此前，有很多能力被认为是人类语言特有的，比如语言的组成成分——词语。但是，长尾猴也会使用类似文字的报警呼叫，表达某种特定的危险。语言的另一个重要成分是结构。由于拥有句法，所以人类可以产生无数的新句子，来表达各种意思，而且我们还可以理解以前从未听过的句子。然而，斑马雀的歌声也有复杂的结构，海豚能够理解语序的差异，甚至一些野外的猴子会用一种呼叫声来修饰另一种呼叫声。此外，认知能力似乎也并非为人类所特有，比如心智思维，即推断他人的心理状态的能力。海豚和黑猩猩就很擅长猜测交流对象想要什么。就连人类原本认为非常独特的数数能力，实际上也并不独特。蜜蜂能够理解"0"的概念，蜜蜂和恒河猴能够数到 4，而鹦鹉据说可以数到 7。

就连基因也不例外。众所周知，FOXP2 基因曾被称为语言基因，但其实它只是对语言有影响。当 FOXP2 基因发生突变时，发声就会受到影响。但除此之外，FOXP2 基因还发挥着其他作用。梳理出 FOXP2 基因的不同功能实非易事。荷兰奈梅亨马普心理语言学研究所的遗传学家西蒙·费舍尔（Simon Fisher）说，基因对于理解语言的演化非常关键，但"我们必须思考基因到底起了什么作用。"可以这样简单描述一个极其复杂的过程：基因合成蛋白质，然后蛋白质影响细胞，这些细胞有可能是构成神经回路的脑细胞，而这些神经回路刚好控制着生物的行为。费舍尔解释道："有可能存在这样一个基因网络，负责句法处理或发音说话，但不会有某个单独基因能够神奇地控制整个语言能力。"

人类大脑的工作机制也不再是独一无二的了。我们了解到，神经回路可以执行多种功能。最近的一项研究表明，用于学习语言的一些神经回路也能用于记忆列表或掌握一些复杂的技能，比如学习驾驶。类似地，动物身上的一些神经回路也被用来解决相似的问题，比如在小鼠身上，这些神经回路就可以帮助它们走出迷宫。

加利福尼亚大学圣迭戈分校的认知神经学家迈克尔·阿比卜（Michael Arbib）指出，人类创造了"一个日益复杂的物质和精神世界"，然而，无论孩子是出生在蒸汽机车的年代，还是出生在智能手机的世界，他们都可以在不改变自己生物特征的情况下，掌握世界上的某些技能。阿比卜说："据我们所知，地球上能做到这一点的只有人脑。"但是，他也强调大脑只是一个复杂系统的一部分，这个系统还包括身体的其他部分。阿比卜说："如果海豚有手，它们也可能演化出复杂的世界。"

的确如此，建立人类世界不仅需要一个人的大脑，还需要人类社会中相互交流的群体大脑。阿比卜把这种模式叫作"演化发育社会生物学"（EvoDevoSocio）。生物演化影响个体的发育和学习，而个体的学习塑造了文化演化；反过来，文化也可以影响个体学习。要了解人类语言，必须把人类大脑看作复杂系统的一部分。阿比卜说，语言的演化涉及多种因素，这些因素也并非一步到位，而是经历了漫长的时间才出现。

语言在传递中产生

英国爱丁堡大学语言演化中心的认知科学家西蒙·卡比（Simon Kirby）认为，文化在语言演化中也扮演着至关重要的角色。从一开始，卡比就着迷于一个想法：语言不仅是我们从别人那里学习来的东西，它也在学习者之间代代相传。那么，学习对语言本身有什么影响呢？

卡比设计了一套全新的研究方法，来探索语言是如何演化的。他没有直接观察动物或人类，而是建立一些会说话的数字模型，叫作"智能体"，并向其中输入随机的、杂乱无章的语符串。这些智能体必须向其他智能体学习语言，然后还必须向其他智能体传授语言。接着，卡比让这些代表着"学习者"和"传授者"

的智能体进行迭代，并观察语言如何变化。他把这个实验比作听筒传话游戏，即一条信息不断从上一个智能体传递给下一个智能体，结果最终的信息与初始信息大相径庭。

卡比发现，智能体输出的语言结构，往往比它接受的要多。即便卡比一开始输入的语符串是随机的，偶尔也会出现一个语符串碰巧显得稍微有序。关键是，智能体能够认出这样的结构，并对它进行概括。卡比说："学习者对输入中没有的语言结构进行了某种想象。"以这种方式，智能体创造了更多的语言结构。

卡比指出，尽管这样的变化可能非常微小，但是经过几轮迭代，变化就会像滚雪球一样越来越大。迭代之后的语言不仅结构更丰富，而且看起来就像是人类自然语言的简化版。随后，卡比又尝试了各种不同的模型，输入不同种类的数据，他发现，"无论我们如何创建模型，它们总能产生越来越多的语言结构。"正是在反复学习的熔炼下，语言出现了。

目前，卡比正在人类和动物身上进行这类实验，让他们重复学习语言。他逐渐发现，语言结构的确是以这种方式演化的。更让人激动的是，这一发现或许可以解释，为什么迄今为止我们一直无法找到能够解释语言的某个基因、突变或大脑回路，因为它们根本就不存在。语言的产生似乎可以归结于三个因素的结合：生物特征、个体学习和语言传递。这三个因素有着完全不同的时间尺度，但是一旦联系在一起，不可思议的事情便发生了：语言出现了。

　　在语言演化研究变得活跃的短时间内，科学家还没有实现梦寐以求的目标：找到解释语言产生的决定性事件。但是，他们的研究发现似乎让这个目标不再那么重要了。不过可以肯定的是，在地球上，语言可能是最独特的生物特性，它比任何人想象的都更精妙、更难捉摸和更具偶然性。

语言的演化

　　语言拥有复杂的结构。正因如此，即使说英语的人以前从未遇到过像"blue giraffe"（蓝色的长颈鹿）这样的特殊词组，但他也能猜出意思。爱丁堡大学的西蒙·卡比以及其他语言学家的广泛研究表明，语言结构源于语言在一代代人之间的反复传递。在无数次的循环往复中，一个人用他 / 她学到的语符串把某个想法传递给另一个人❶。把某个想法条理清晰地传递出去的能力来自于从父母那里继承来的认知能力。聆听的人尽力去理解他人的话语，并经过他 / 她的调整后，再传递给群体里的其他人❷。久而久之，语言不断发生着变化。

　　那些能够较好地掌握新生语言的人，更有可能将他们的基因遗传给后代。随着时间的推移，日积月累的文化精华或许对生物特性产生了影响❸。说话者会尽力理解他们听到的话语，并以最易理解的方式传递出去，进而最终认同于某个语言结构，这种语言既容易学习，也能高效传递信息。可以说，语言的复杂性源自文化。

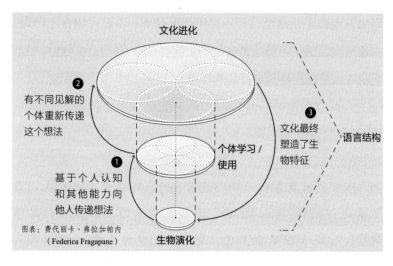

图表：费代丽卡·弗拉加帕内（Federica Fragapane）

创造力的起源

希瑟·普林格尔（Heather Pringle）

黄韵之 **译** 李 辉 **审校**

卢浮宫的第 779 号藏品悬挂于厚重的玻璃后，它既无标记，也无日期，却使整个万国大厅熠熠生辉。除周二例行的闭馆日外，每日早上九点刚过，巴黎市民、游客、艺术爱好者和各种好奇的观光客便蜂拥而入。渐渐地，人群安静下来，大厅里只剩下嗡嗡的细语声，一些人探头寻找最佳的观赏视线；另一些人着急地伸长手臂，用手机拍照留影。然而，大多数人则倾身向前，全神贯注，研究着人类史上最著名的创作之一——达·芬奇的名画《蒙娜丽莎》。

《蒙娜丽莎》完成于 16 世纪早期，画中主角具有一种前无古人的神秘脱俗之美。为作此画，立志"创造奇迹"的达·芬奇发明了一种全新的艺术手法，并将之命名为"晕涂法"或"烟熏法"。历经数年时间，他将半透明釉附于精美的薄膜上用于作画，这种薄膜是一种至多与红细胞厚度相仿的物质，他的"画笔"很可能是他敏感的手指尖。当薄膜累积至30层时，达·芬奇才使用一些柔和的线条及色阶，使整幅作品如蒙轻纱。

毫无疑问，《蒙娜丽莎》是天才之作，能与之相比肩的只有莫扎特的名曲、法贝热的珠宝、玛莎·葛兰姆的舞蹈等杰作。但这些名作，与日本新制造出的零排放汽车、美国航空航天局发射台上的宇宙飞船一样，仅展现了人类漫长创造史的一小部分特征——人类拥有创造新事物及持续提升设计与技巧的能力。"现代人类是非凡的发明者，我们的技艺越来越高超。"南非威特沃特斯兰德大学的考古学家克里斯托弗·汉希尔伍德（Christopher Henshilwood）说。

人类是如何获得这看似无限的创造能力的？这是科学研究的热点。我们并不是一直都拥有这么敏锐的创造力。虽然约在600万年前，人类便出现于非洲，但在起初的约340万年里，早期人科成员几乎没有留下什么明显的创新发明，说明人类在当时只能徒手采集植物、狩猎动物，或者使用一些临时的挖掘或刺戳工具。在此后的某一时刻，迁徙的人们开始使用石锤击打被流水磨蚀的鹅卵石，来制作切削工具。

毋庸置疑，这是一项别出心裁的发明，但紧接着是一段冗长的瓶颈期——这期间鲜有发明，我们的远祖在 160 万年的时间里，都在使用同样的石斧，改进极为有限。"这些工具确实算是老古董了。"美国康涅狄格大学的考古学家萨莉·麦克布里雅蒂（Sally McBrearty）说。

那么，人类大脑究竟是在何时，开始对技术和艺术产生一些创新性想法的？直到不久前，大多数研究人员还认为，4 万年前，人类刚进入旧石器时代晚期时，智人在欧洲引发了一场突如其来的发明热潮——时尚的贝壳项链、石洞壁上画有欧洲野牛及其他冰河时代动物的精美壁画，以及一系列新的石质和骨质工具。这些发现推动了一个流行理论，即当时的随机基因突变使人类的认知力产生了突发性飞跃，点燃了创新的"大变革"。

然而，一些新出现的证据，对"突变理论"提出了质疑。过去十年中，考古学家发掘出一系列来自远古的、艺术与先进技术（当然，这里的先进是相对的）存在的证据，这说明人类产生创新性想法的时间，要比我们以前估计的早得多——甚至在智人还未出现，也就是 20 万年以前，人类大脑就已经拥有这种能力了。

不过，虽然我们的创新能力出现得很早，但人们仍在酝酿了千年之后，才在非洲及欧洲将其转变为取火能力。这些证据揭示，我们的创新能力并不是在人类进化史晚期突然爆发的，而是经过数十万年"细水长流"般的累积，在一系列复杂的生物学及社会学因素作用下才得以出现的。

人类到底从何时开始突破常规思维，又是什么因素最终点燃了人类的智慧之火？

要回答这个问题，我们需要像阅读侦探小说一般，抓住几个关键线索，然后从其中那个表明人类创造力起源时间的线索出发，开始这趟探索之旅。

创造力的源头

长期以来，考古学家都认为，使用符号是现代人认知能力的最重要指标，因为这在一定程度上证实，人类有使用语言的能力——这是人之所以为人的标志。因此，旧石器时代晚期的精美壁画暗示，当时的人能如我们一般思考。但近来，研究人员开始在考古记录中寻找其他现代人行为的来源，并发现了一些引人注目的线索。

威特沃特斯兰德大学考古学家林·沃德利（Lyn Wadley），一直致力于研究古人类的认知能力。20 世纪 90 年代，她开始发掘西布度洞穴（Sibudu Cave），该遗址位于南非德班北部约 40 千米处。两年前，她和团队在那里发现了一层奇怪的白色纤维质植物膜。对沃德利来说，这层苍白易碎的物质就像一张用灯芯草和其他植物（这几种植物常常被后人铺于地上就座或就寝）制成的古代寝具。但这层膜也可能是风吹落叶形成的。唯一能鉴别它们的方法，就是将这个东西完好无损地放入保护性石膏护套中，并带回实验室检验。"我们花了三周时间制作石膏,"沃德利说,"那段时间我脾气很不好。我不停地想'我是不是在这里浪费了三周时间?'"

但这一次,沃德利"赌赢"了。2011 年 12 月,她和同事在《科学》杂志撰文称,西布度穴居人于 7.7 万年前便开始从许多木本植物中选择树叶,用于制作寝具——比以前报道的例子早了将近 5 万年。然而,最令沃德利惊讶的是,穴居人对当地植物非常了解。分析报告显示,树叶选自厚壳桂属植物(*Cryptocarya woodii*),这是一种具有天然防虫效果的树,可以驱防那些目前携带致命疾病的蚊子。"这对于人们就寝是十分有利的,特别是居于河畔之人。"沃德利评价道。

然而,西布度居民的创造力并不仅限于此。他们很可能已经会利用陷阱来捕捉小羚羊,因为在发掘地有少量这种羊的骸骨。从洞穴中发现的一些石锥的尺寸、形状以及磨耗图纹来看,他们也会制作弓箭,以狩猎更危险的猎物。而且,西布度猎人还会调制多种非常有价值的化合物。通过向洞中石锥上的黑色残余物发射高能量带电粒子束,沃德利团队检测到了多组分胶黏物,这种物质可用于黏合木头。她和同事将不同规格的黄土和植物胶混合,以柴火加热,试图复制出这种胶黏剂。他们把实验结果公布在了《科学》杂志的撰文中,并总结称,西布度居民很有可能在 7 万年前就已是"成熟的化学家、炼金术士及烟火技工"。

近期，研究人员在南非其他地区，也发现了一些早期发明的踪迹。

举例而言，距今 10 万年至 7.2 万年前，居住在布隆伯斯洞（Blombos Cave）的原始人能在大块的赭石上雕刻花纹；制作用于裁剪兽皮衣服的老式骨锥；用光彩照人的珍珠贝壳链装扮自己；他们还创建了一个艺术工作室，用来研磨红赭石并将其存放于目前已知最早的容器内，该容器由鲍鱼壳制成。在西面的平纳克尔角（Pinnacle Point）遗址，人们早在 16.4 万年前就能改变石头的结构。他们将当地的一种低等石（硅结砾岩）烧制后，转化为一种光亮易碎的物质。"这些行为是我们在 10 年前无法想象的。"汉希尔伍德评价道。

此外，技术革新并非为现代人所独有：其他人科物种也具备一定的创造力。在意大利北部，一个由意大利佛罗伦萨大学考古学家保罗·彼得·安东尼·马查（Paul Peter Anthony Mazza）带领的研究团队发现，我们的近亲，约 30 万年前出现在欧洲的尼安德特人，在大约 20 万年前，就能够调制一种桦树皮焦油胶，用以黏合石片和木柄，制作带柄工具。与此类似的是，去年 11 月的《科学》杂志上曾有一篇文章推断，位于南非卡图潘 1 号遗址的石锥可组成足以致命的尖矛，这可能出自尼安德特人与晚期智人的共同祖先——海德堡人之手。在南非的奇迹洞（Wonderwerk Cave），发现一层包含植物灰及骨灰的古代薄层，暗示更为早期的匠人在 100 万年前就学会了燃火取暖及自卫。

即使是我们遥远的祖先，也会萌发新的想法。美国印第安纳大学伯明顿分校古人类学家塞利西亚·赛摩（Sileshi Semaw）带领的团队，在埃塞俄比亚的卡达戈纳河（Kada Gona River）畔附近的两个遗址内，发现了已知最早的石器——260 万年前，由南方古猿惊奇种或同时期人科物种打制的石斧，可用于剥离动物尸体的肉。这些工具对我们来说十分简陋，与当今的智能手机、便携式电脑及集成电路板不可同日而语。

"但在一个仅由自然物质所组成的世界里，想象新事物及将其付诸实现的能力便几乎成了魔法。"加拿大英属哥伦比亚大学的认知科学家利亚纳·嘉宝（Liane Gabora）和纽约大学心理学家斯科特·巴里·考夫曼（Scott Barry Kaufman）在《剑桥创造力手册》一书中这样写道。

脑容量与创造力

虽然早期人类的创造力令人印象深刻，但我们的远祖与现代人在创新的广度和深度上仍存在巨大差异。到底是何种大脑变异使我们这一种群从远祖之中脱颖而出呢？

为了解答这个谜题，研究人员仔细研究了古人类脑壳的三维成像，并检测了我们最近的进化亲属——黑猩猩及倭黑猩猩，它们的先祖于约 600 万年前从我们的世系中分出。这些数据揭示了，人类大脑的灰质是如何在进化历程中演化出广泛差异的。

总体而言，物竞天择促使人类形成更大的脑。然而，据估计，更新期灵长类动物的平均脑容量是 450 立方厘米，大致与黑猩猩相仿；160 万年前的直立人脑容量是其两倍左右，约 930 立方厘米；而 10 万年前的现代人脑容量为 1330 立方厘米。在这样的脑容量下，估计有千亿神经元在处理信息，在约长 1.65 万千米的有髓神经纤维中传递，穿过 1.5×10^{14} 个突触。"如果将其与考古学记录相联系，"美国佛罗里达州立大学的古生物学者迪安·福尔克（Dean Falk）说，"就会发现脑容量与科学技术生产力很可能存在关联。"

但是脑容量并不是唯一的变化。加利福尼亚大学的体质人类学家凯特莉娜·赛门德费瑞（Katerina Semendeferi）研究了大脑的前额皮质——大脑中负责协调思想行为、完成目标的部分。通过检测现代人、黑猩猩及倭黑猩猩的前额皮质，赛门德费瑞和同事发现，有几个主要分区在人科进化过程中经历过重新改组。举例来说，现代人的布罗德曼 10 区（额极前额叶皮层）的容积——人类大脑中负责实施计划与组织感觉输入的部分——几乎是黑猩猩及倭黑猩猩的两倍。另外，此区域神经元间的水平空间增大约 50%，给了轴突和树突更多空间。"这意味着大脑能有更复杂深远的联结，可以处理神经元间更为错综复杂的交流。"福尔克评论说。

要描述一个容量更大、重新改组过的大脑如何爆发创造力，是件复杂的工作。但是嘉宝认为，对当代那些极富创造力的人群进行心理学研究，可以提供一些线索。"这些人都是优秀的幻想者。"她解释道。当他们解决问题时，思绪总会飘荡，通过以往的某个记忆或想法自然地联想出解决方案。这种联想有助于触类旁通，并导致创新思维的突破。当这些人找到大致的解决方案后，他们会转向更理性的分析思维模式。"他们只关注那些最相关的想法。"嘉宝说。接着，这些人就开始提炼思想并将其付诸实际。

嘉宝指出，一般来说，更大容量的大脑意味着更优秀的自然联想力。拥有数十亿神经元的大脑可以处理更多刺激，有更多神经元可以参与特殊片段的处理，拥有更细致的记忆，探索更多潜在刺激间的联结。嘉宝说，试想一下，一个人科动物穿越荆棘灌木丛时被刺得遍体鳞伤，更新纪灵长类动物就只能简单记录这个片段——例如些许疼痛及灌木的大致识别特征。但是，拥有更多神经元的直立人，可以记录更多令人信服的片段，包括荆棘的尖角和自己被刺伤的皮肉。接着，当原始人类开始狩猎，这种刺杀猎物的需要会激发与之相关的所有记忆，比如，将被刺伤的皮肉与荆棘的尖角相联系。这种记忆会相应地激发出制造武器的新想法：做一把带有尖头的矛。

但是，当一件事情引发大量联想时，即使脑容量较大的人科动物也很难保持长久的特定联想状态，无论这些事情重要与否。远古人类的幸存者主要依靠分析思维中的默认模式。因此，我们的祖先必须通过微调多巴胺等神经递质的浓度，使大脑在各个大脑模式之间流畅转换。

嘉宝估计，智人花费数万年时间调整大脑机能，才真正让自己的大脑产生创造力。目前，她和学生们正在人造神经网络上实验这些猜测。他们通过计算机模型，模拟大脑是如何在分析与联想模式之间进行切换，并最终帮助人类走出认知萌发期，学会从新角度看待事物。

"仅仅拥有更多神经元是不够的，"嘉宝认为，"人必须将大脑灰质的用途发挥到极致。"大约在 10 万年前，他们达到了——从那时起，我们祖先的思维就犹如一个干燥的火绒盒，等待着合适的社会环境将其点燃。

创造性思维的火花

1987 年秋，瑞士苏黎世大学的克里斯托夫（Christophe）和海德维格·波希（Hedwig Boesche），在非洲科特迪瓦的塔伊国家公园观察黑猩猩如何搜寻食物时，发现了一个以往未见的行为。

在一个行军蚁窝旁，一只雌猩猩拾起一根细枝，将其一端插入松软的土中，挡住巢穴入口，等待兵蚁出来。当蚁群爬满细枝10厘米长度时，它便将细枝拔出，熟练地将上面的蚂蚁吃掉。接着，它不断重复该过程，直到吃饱。

黑猩猩非常擅长运用各种工具——用石头砸开坚果，用叶子将树洞中的水吸干，用棍子挖掘富有营养的植物根。但它们似乎没能力将这些知识上升为先进科技。"黑猩猩会教同伴捕捉白蚁，"汉希尔伍德说，"但它们无法在此基础上加以提高，并不会说'我们来制作一种新的工具'——它们只是不断重复同样的事情。"

相比之下，现代人很少受到这种限制。的确，我们每天都在汲取他人的思想，并加入自己的创新，不断修正，直到我们获得一个全新、复杂的事物。正如没有一个人能掌握便携式电脑中所有的复杂科技，这些科技成果来自好几代发明者的才思积累。

人类学家将这种技术的积累称为"文化棘轮效应"。这首先要求人们将知识代代相传，直到有人能想到改进方法。2011年3月，伦敦生理学会的灵长类动物行为学家刘易斯·迪安（Lewis Dean）和四个同事在《科学》杂志撰文，揭示了为什么人类有创造力，黑猩猩和僧帽猴却没有。迪安和他的团队设计了一个迷箱，有三级循序渐进的难度，然后他们将箱子分别给了一群美国得克萨斯州的黑猩猩、一群法国的僧帽猴，以及一些英国的幼儿。

在55只非人灵长类动物中，只有1只黑猩猩在历经30多个小时的尝试后才达到最高级别。然而，孩子们则比它们成绩优异许多。与猴子不同，孩子们共同努力、相互鼓励，分享正确的方法。在2.5小时后，35个孩子中有15人达到第三级。

由于拥有社交机能和认知能力，我们的祖先能轻而易举地将知识传递给别人——这是文化棘轮效应的先决条件。当然，也有其他因素推动棘轮效应，并促使约9万年前到6万年前生活于非洲及4万年前生活于欧洲的晚期智人达到创新高峰。伦敦大学学院的进化遗传学家马克·托马斯是从人口统计学方面来考虑的。他的前提十分简单：采猎群体的规模越大，孕育出新科技的可能性就越大。而且，相比小型、隔绝的团体，在大群体内，越是经常与他人接触的人，越有可能学到新发明。

"这不取决于你有多聪明，"托马斯说道，"而在于你是否能与别人良好沟通。"

为了检验这些想法，托马斯和两个同事设计了一个电脑模型，模仿棘轮效应在人口统计学上的效果。根据现代欧洲人的基因数据，该团队估计出旧石器时代晚期之初（那正是人类创造力凸显的时候），现代人在欧洲的人口规模及人口密度。接着，研究人员又开始模拟远古非洲的人口增长及迁徙模式。他们的模型显示，在 10.1 万年前，非洲的人口密度与旧石器时代晚期之初的欧洲相仿。根据考古记录，那恰好是非洲撒哈拉沙漠以南地区出现创新行为之前。这也显示了，大型社交网络能够激发人类创造力。

2012 年 11 月的《自然》杂志登出考古新证据，阐述了南部非洲由人口密度增长所带来的技术复兴。大约 7.1 万年前，居于平纳克尔角（Pinnacle Point）的晚期智人设计并流传下来了一种复杂的技术，用于制作投掷武器上的小型石刃——用适宜的温度煮硅结砾岩，以提高压片质量，再将制作完成的原料敲打成几厘米长的石刃，然后用自制的胶水将其与木制或骨质的手柄黏合。

2011 年，英国伦敦大学皇家霍洛威学院的考古学家菲奥娜·考沃德（Fiona Coward）及利物浦大学的马特·格罗夫（Matt Grove）在《古人类学》（*Paleo Anthropology*）杂志中写道，"像病毒一样，文化创新需要特定的社会环境加以推动——最重要的是，拥有可以相互影响并高度接触的人群"。

是什么创造了我们当前这个充满纷争、丰富多彩又亲密无间的社会？

人们拥挤地生活在大城市中，敲敲键盘便可通过网络获得大量资讯，交流新观念、新想法，这在历史上是前所未有的。并且，创新的步伐也前所未有地加快，使我们的生活中充满了各种新鲜、时尚的电子产品、汽车、音乐、建筑。

在达·芬奇完成其杰作的 500 年后，我们为他天赋般的创造力惊叹不已——他的天赋构筑于自旧石器时代晚期以来，无数艺术家的心血结晶之上。即使是今天的艺术家，在观赏《蒙娜丽莎》时，仍能从中找到新的灵感，推陈出新。人类的创新之路从未中断，在这个高度联结的社会中，我们的各种天赋仍然在引领我们向前。

才华的酝酿

令人惊讶的早期技术和艺术发明案例表明，人类的创造力在酝酿数十万年后才迎来爆发，分别出现于约 9 万年前至 6 万年前的非洲，及约 4 万年前的欧洲。社会学方面的因素，如人口规模的增长，似乎提升了人类的创新能力。因为不同群体间接触、交流增多，将提高一个群体中的某些人创造出突破性技术的可能性。这条时间线记录了目前已知最早的主要新发明，它们引发了所谓的"文化沸点"。

340 万年前
带切割痕迹的动物骸骨，于埃塞俄比亚迪基卡地区。

260 万年前
片状石质工具，于埃塞俄比亚戈纳地区。

176 万年前
双面石质工具，于肯尼亚图尔卡纳地区。

100 万年前
人类用火的证据：烧毁的骨头、植物组织，于南非奇迹洞。

16.4 万年前
经过热处理的石质工具，于南非平纳克尔角。

50 万年前
复合工具，以附着在木轴上的石锥的形式出现，于南非卡图潘1号遗址。

7.1 万年前
石矛，于南非平纳克尔角。

10 万年前 ~7.5 万年前
带刻纹的赭石（氧化铁），于南非布隆伯斯洞。

7.7 万年前
驱虫垫，于南非西布度洞。

4 万年前 ~3 万年前
缝纫针，于俄罗斯考斯顿克遗址。

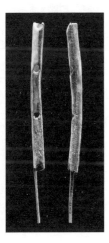

4.3 万年前 ~4.2 万年前
乐器（长笛），于德国盖森科栾斯特尔洞。

4.1 万年前 ~3.7 万年前
洞穴壁画，于西班牙卡斯蒂略。

4 万年前 ~ 3.5 万年前
雕刻艺术，于德国霍赫勒·菲尔斯洞穴。

艺术世家

凯特·王（Kate Wong）

马　姣　译

很久以前，在如今西班牙北部一个幽深洞穴，一位艺术家精心地用红色颜料在洞穴壁上创作出了一种几何图案——一个由垂直线条和水平线条构筑的阶梯形符号。在其西南方数百公里之遥的另一个洞穴中，也有一位艺术家将一只手按在墙上，并在手指周围吹上红色的颜料，创作了一个手印模板。在一片漆黑中，红色的手印在火炬或油灯闪烁的光亮中熠熠生辉。在位于最南部的第三个洞穴中，形似窗帘的方解石地层装饰着猩红色的阴影。

尽管这些艺术的创作者没有留下任何可以确立自己身份的信息，但长期以来，考古学家都将洞穴壁画视为现代人唯一的艺术品。另一种大脑发达的古人类——尼安德特人，其实兼备天时和地利，成为欧洲一些洞穴艺术的创造者。但还有专家坚持认为，仅有现代人具备发展包括艺术在内的象征性行为所需的复杂认知能力。

现在，这三个西班牙洞穴中壁画的测年结果，为这种持久的观念画上了句号。在 2018 年发表在《科学》杂志上的一篇论文中，研究人员报道，该洞穴中某些壁画的年代远比西欧已知的最早现代人化石还要古老，表明这些壁画是由尼安德特人所创作。这些发现开启了一扇有关尼安德特人（现代人类备受争议的近亲）思想世界的新窗口，也引发了一系列关于象征思想起源的核心问题，以及智人与人类家族中的其他物种间究竟区别何在。

尽管测年结果为尼安德特人的存在提供了一个长期的证明，但自 20 世纪初期以来，我们对其形象的认识一直都存在一个误区。当时的法国古生物学家马塞林·布勒（Marcellin Boule）将从法国拉沙佩勒奥圣（La Chapelle aux Saints）遗址发现的尼安德特人遗骸重建为一种似猿的野兽。在随后的几十年中，科学家发现尼安德特人与之前布勒所推测有所不同，他们在体形上与现代人类很相似。科学家还发现，数千年来，尼安德特人和现代人都在制造相同种类的石器工具，但尼安德特人丑陋的外形却成了我们对其的刻板印象。

长期以来，我们都认为尼安德特人与现代人之间最明显的区别似乎就在于尼安德特人不会创造或使用符号。现代人遗留的首饰、雕塑和洞穴壁画等象征性思想的产物，都无法明确地在尼安德特人中觅到踪迹。但近年来，欧洲各地有关尼安德特人象征性行为的证据正在逐渐累积。在直布罗陀，尼安德特人在一个洞穴的基岩上刻下了一个类似标签的符号。在克罗地亚，尼安德特人收集了鹰爪，似乎还用其制成项链。在直布罗陀和意大利的遗址中，他们捕获鸟类以获取羽毛，或许是为了将其制作成礼仪性的头饰和斗篷。在西班牙，他们制作了贝壳首饰，混合了闪闪发光的可能用作化妆品的颜料。而在法国的一个洞穴里，尼安德特人竖立了石笋的半圆形墙，或许是出于某种仪式的目的。类似的发现还在不断进行中。

不过，尼安德特人的艺术作品中似乎缺少一种重要的象征性表达形式——洞穴壁画。法国著名的肖韦（Chauvet）和拉斯科（Lascaux）等遗址中，那里绘有披毛犀、猛犸象和其他冰河时期动物的壮丽洞穴壁画，它们都与早期现代人有关。在没有任何明确反证的情况下，科学家们通常都将世界各地的洞穴壁画视为现代人的杰作。

但在 2012 年，由现今位于英国南安普敦大学的考古学家阿利斯泰尔·派克领导的研究团队发现了一个新证据，这一证据挑战了之前的假设。该研究团队对西班牙洞穴中的几十幅壁画进行了测年工作，发现其中有几幅要比以前认为的更古老。其中，有一幅位于卡斯蒂略洞穴（El Castillo）的红色盘状图像，其测年结果至少为距今 40800 年——足以说明这可能是尼安德特人的作品，因为这个年代太古老，所以不太是可能由现代人创作（一般认为现代人直到大约 42000 年前可能才到达西欧）。在 2012 年公布这项发现的新闻发布会上，该研究的共同作者、巴塞罗那大学的约翰·齐尔哈奥（João Zilhão）声称，任何在欧洲发现的早于 42000 年前的艺术作品都应该属于尼安德特人。

六年后，这一天到来了。在 2018 年的研究中，派克、齐尔哈奥和他们的同事对西班牙不同地区三个洞穴中的壁画进行了测年：坎塔布里亚的拉帕西加、埃斯特马杜拉的马特维索和安达卢西亚的阿尔达莱斯。尽管这些洞穴中同时包含了具象图像和抽象图像，但研究人员将精力集中在后者上。派克解释道："我们在 2012 年的研究中发现，最早的测年结果来自于红色的抽象艺术作品，例如线条、圆点、符号和手印画。到目前为止，在这个项目中我们专注于此类绘画艺术。"

与 2012 年的研究一样，研究团队使用一种名为"铀 - 钍测年法"的放射性测年技术去测定这些壁画的年龄，该技术基于铀随时间推移而放射性衰变为钍的原理。具体来说，研究人员提取了在这些壁画上形成的碳酸盐薄壳的样品，并分析其钍含量，以此来测定碳酸盐薄壳的年龄——从而推测出位于薄壳之下壁画的最小年龄。他们的努力取得了丰厚的回报：研究表明，这三个洞穴都包含了至少可追溯到 64800 年前的壁画。因此，西班牙各地的尼安德特人至少在现代人类踏足西欧之前 2 万年起，就已在创作壁画了。

　　未参与这项研究的科研人员对这项新研究极为赞叹。英属哥伦比亚维多利亚大学的博士生吉纳维芙·凡·佩金格尔（Genevieve von Petiznger），专攻史前符号。她指出，当派克和他的合作者在 2012 年提出尼安德特人艺术家的可能性时，很多同行都对此持消极质疑的态度，他们认为没有理由将卡斯蒂略洞穴的壁画归功于尼安德特人而非现代人。在谈到新近的壁画作品时，佩金格尔惊叹地说："这太令人惊叹了，在 65000 年前不可能有现代人。"

　　测年结果不仅仅证明尼安德特人确实在创作艺术作品，还说明这些想法是由他们自己提出的。当考古学家一开始发现尼安德特人象征主义的迹象时，所有证据都来自尼安德特人统治的末期，而那时现代人已经在欧洲建立了自己的据点。由此，一些研究人员认为，尼安德特人只是在模仿他们的邻居——现代人，但可能并不真正了解他们到底在做什么。

　　此外，新的测年结果也说服了这个想法的支持者们。牛津大学的托马斯·海厄姆（Thomas Highham）致力于对整个欧洲的考古遗址进行测年，以构建尼安德特人被现代人取代的年代学框架，而且他并没有参与上述这项尼安德特人创作艺术品的新研究。他说："我认为，对于这个证据，目前最行得通的解释就是尼安德特人一定展示出这种艺术创作的能力。我一直持有这样一种观点，就是在大约45000至40000年前，现代人到达欧洲，这些与尼安德特人分布重叠的现代人，可能促使尼安德特人在其灭绝前夕发展出了象征行为，这或许就是一种'不加理解的模仿'。"

这些古老的绘画是否可以证实现代人在欧洲部分地区的出现早于其化石记录？毕竟，世界其他地方的最新发现表明，人类起源于非洲，且人类从非洲向其他地区扩散发生的时间要比以前认为的早数千年。海厄姆说："这是一种可能，但目前还没有证据。"如果尼安德特人有洞穴壁画的传统，那么研究人员将需要搞清楚，尼安德特人的行为是否确实与现代人的行为有任何实质的区别。有一种思想流派认为，现代人正是凭借出色的智力和包括语言在内的象征能力，才得以战胜了尼安德特人。

一些专家否定了前述的一些尼安德特人的艺术，例如直布罗陀的标签符号状的雕刻，因为与现代人创作的具象艺术相比，这实在是太平平无奇了。但是，凡·佩金格尔不同意这种观点。她说："当研究人员对尼安德特人艺术的复杂性嗤之以鼻，我认为他们没有意识到这一点——认知上的巨大飞跃就是创造图形标记，这代表一种将信息存储在体外的能力。广而言之，抽象符号的创造'标志着迈向书写语言的第一步'。"

海厄姆说："现在需要做的是用相同的技术对其他洞穴艺术

进行广泛分析，以探索其他潜在的案例。"派克和他的团队正在努力做这件事。派克指出："在整个欧洲的洞穴中都发现了点状和圆盘状的手印画，我们想着手对西班牙以外的地区进行测年，看看尼安德特人的抽象艺术是否像他们自己一样广泛分布。"

石器时代的即兴音乐

凯瑟琳·哈蒙（Katherine Harmon）

马 姣 译

2009 年发表在《自然》杂志上的一项研究报告指出，2008 年夏天，在德国西南部的一处旧石器时代晚期的遗址发掘中，发现距今约 35000 年的雕刻长笛，这一测年结果使其名列世界上最古老的乐器之一。

据图宾根大学的研究人员报道，这些笛子的年代属于奥里尼亚克（Aurignacian）早期，说明在现代人占领欧洲时，已经建立起了完善的音乐体系。最完整的五孔长笛由秃鹫的骨头制成，长约 8.6 英寸（约 21.8 厘米），其他长笛的碎片则是象牙所制。

对 3 万年以前的遗物进行精确测年，可能会存在一些问题。尽管放射性碳同位素测年法将这个笛子的年代卡在至少 35000 年前，但在霍勒费尔斯（Hohle Fels Cave）洞穴中，这些笛子的出土层已有 4 万年的历史。

作者和其他学者断言，"复杂乐器的出现标志着全面的现代行为和先进的符号交流"。这种观点可以有力地支撑以下的论证——即早期欧洲人的文明程度已比较高了。实际上，在这篇文章发表之前，有报道称，该骨笛发现于距离出土猛犸象牙制的维纳斯雕塑仅 28 英寸（约 70 厘米）远的位置，这说明"这些遗址的居民在多样化的文化背景下演奏这些乐器"。

但是，早期现代人可能并不是唯一在旧石器时代演奏音乐的人类。在 20 世纪 90 年代，研究人员在斯洛文尼亚发现了可能属于尼安德特人的长笛骨制品。然而，之后的研究分析表明这些骨器上的孔洞也可能是由动物啃咬所致。

现代长笛演奏者（以及我们这样的普通听众）要耐心等待，才有可能在未来聆听到来自远古的悠扬笛声。作者写道："我们还无法制作出长笛的复制品。"但是，他们希望这件远古的乐器"能够带来一系列音符和音乐的可能性"。

时尚第一？
距今 32000 年前最古老的纺织纤维

凯瑟琳·哈蒙（Katherine Harmon）
马　姣　译

考古学家在格鲁吉亚共和国的一个洞穴中发现了一团缠结在一起的真正的古代亚麻纤维遗物。这一发现包括一些细小的亚麻纤维，是由旧石器时代晚期的狩猎采集者纺制而成，其中一部分还进行过染色处理。从距今约 32000 年前开始，这个洞穴中就断断续续地生活着早期的狩猎采集者。

哈佛大学史前考古学教授、该论文的合著者奥费尔·巴尔-约瑟夫（Ofer Bar-Yosef）在一份声明中提到："早期人类可能会用这些纤维去制作衣物、绳索或者篮子，这些主要用于家庭生活。"

研究人员还指出，该洞穴的居民确实从事过纺织工作，因为其中还发现了甲虫、飞蛾和真菌孢子的残留物，皆能证明这与衣物和其他手工制品有关。

这些纤维制品比原先认为的此类手工艺品的最古老证据还要更久远：在捷克的多尼·维斯托尼斯（Dolni Vestonice）遗址中，发现了距今 28000 年的带有纤维印记的黏土制品。

巴尔 - 约瑟夫和他的团队在过去的 13 年里一直在这个洞穴中进行发掘工作，通过孢粉的分布来研究气候变化。他说："这是早期人类的一项至关重要的发明，在发掘项目的最后发现了这些古老的亚麻纤维，这真是一个美妙的惊喜。"

第 6 章

探索新途径

古蛋白研究解密人类演化史

托马斯·海厄姆（Thomas Higham）
卡特琳娜·杜卡（Katerina Douka）
杨益民　胡松梅　译

　　抵达西伯利亚南部的丹尼索瓦洞穴（Denisova Cave）后，我们感觉如释重负。经过 11 个小时的颠簸车程，从新西伯利亚市往东南方向开，穿过草原，再越过阿尔泰山脉的山麓丘陵，当野外营地突然出现在泥巴路的一个拐弯处时，所有关于长途旅行的不快全都消失了。目之所及，陡峭的山谷、湍急的河流和当地阿尔泰人的传统木屋在眼前展现，还有金雕在天上翱翔。几百米外，一个石灰岩洞穴坐落在阿努伊（Anui）河上方，在那里，科学家正进行着最令人激动的研究，有望揭开人类起源的谜题。

　　要了解在旧石器时代，人类祖先有着什么样的行为以及如何互动，丹尼索瓦洞穴无疑是最热门的研究地点。我们所属的现代人，几十万年前起源于非洲，当他们后来开始扩散到欧洲和亚洲时，遭遇了其他人种，比如尼安德特人，并与之一起在地球上生存了几千年，直到这些人种最终灭绝。

科学家之所以知道这些不同的人种有过交集，是因为今天的人类携带着来自我们已经灭绝的亲戚的 DNA——这正是早期智人与其他人种杂交的结果。那些我们不知道并迫切想了解的是，这些不同的人种在何时何地相遇，混种的程度有多高，以及他们在文化上对彼此的影响。事实上，一些重要的考古遗址正是属于这一过渡时期，并且包含有石器工具和其他人工制品。但是，包括丹尼索瓦洞穴在内的许多遗址都缺少足够完整的人类化石，让科学家无法根据骨骼的形态特征判断它所属的人种，正是这种缺失让我们无法确认各个人种在何时制作了哪些工具。

现在，一种通过质谱仪来鉴定古代骨骼碎片种属的技术，即 ZooMS（Zooarcheology by Mass Spectrometry，基于质谱的动物考古），终于让科学家有望开始回答这些长期悬而未决的问题。对那些看似毫无信息的碎骨，我们通过分析其中的胶原蛋白，可以判断哪些是属于人类或类人猿的碎骨，然后尝试从这些标本中提取 DNA，这样就可以判断标本是属于尼安德特人、现代人或其他物种。此外，我们还能对这些碎骨进行测年分析，确定他们的年代。

直接测定碎骨化石的年代是有损分析——必须牺牲一些样品

才能进行分析。所以说，博物馆并不乐意把较为完整的骨头用于这些测试。但是，他们对碎骨没有这方面的顾虑。

我们知道，在丹尼索瓦洞穴和其他一些遗址曾经居住过不同的人种，能够直接测定那里的人造物品和相关化石尤其让人兴奋。一些研究人员认为，象征性和装饰性的人造物品是现代认知能力的代表，是现代人独有的。其他研究人员则认为，尼安德特人和其他人种也能制造这类物品，甚至还可能将他们的一些传统传授给了他们遇到的现代人。如果能鉴定出这些碎骨的种属并确定它们的年代，就意味着研究人员能够更详细地重建这些遗址的年代，进而解读人类史前的一个关键章节。

辨别人科化石的利器

从 20 世纪 80 年代开始，俄罗斯的考古学家就一直在发掘丹尼索瓦洞穴遗址。但 2010 年的一项发现，才真正让丹尼索瓦洞穴名声大噪。那一年，德国马普进化人类学研究所的科学家，公布了他们对 2008 年在丹尼索瓦洞穴出土的一块人骨的 DNA 分析结果。他们从这块人骨化石（一块指骨）提取的 DNA，揭示了一个前所未知的人种（或者说人科成员）。这个人种和我们一样，与尼安德特人的关系非常密切。这块骨头来自一位年轻的女性，最初被称作"X 女性"，她属于科学家现在称为丹尼索瓦人（Denisovans）的人种。从那以后，考古学家陆续发掘出一些人类的骨头和牙齿化石，它们来自丹尼索瓦人和尼安德特人。

来自丹尼索瓦洞穴的发现表明，现代基因鉴定技术能够从骨头化石中收集到非常有用的信息：不仅能发现未知人种的存在，还能告诉我们，这些人种如何与人类祖先互动。举例来说，通过 DNA 分析，我们知道在过去 10 万年里，尼安德特人和现代人的祖先至少杂交了三次，而且尼安德特人和丹尼索瓦人，以及现代人的祖先和丹尼索瓦人之间也发生了杂交。这样一来，关于现代人的起源，我们长期公认的理论——智人走出非洲并轻松取代了其他的古老人种，很快就让位于一个更加复杂且不太完善的理论，即不同人种群体之间进行杂交和基因流动。然而，丹尼索瓦洞穴出土的大多数骨头化石都非常破碎，我们无法分辨出它们属于哪些人种。除此之外，丹尼索瓦洞穴的年份是出了名的难以鉴定。

2012 年，由于我们在测年方面的技术，特别是可以通过碳 -14 测年法来确定考古遗址的年代框架，我们得以参与丹尼索瓦洞穴的研究项目。对旧石器时代中期和晚期（大致上分别为 25 万~4 万年前和 4 万~1 万年前）的材料来说，年代测定非常重要，因为这些遗址本身往往缺少属于特定时期的特有工具。我们的工作是为丹尼索瓦洞穴遗址和欧亚大陆的其他旧石器时代遗址提供一个可靠的年表。

2014年，我们⊖都在该遗址参加了丹尼索瓦洞穴遗址研究团队的会议。当时我们提出了一个想法，可能有助于了解现代人祖先、尼安德特人和丹尼索瓦人之间互动的细微场景。丹尼索瓦洞穴遗址最明显的一点就是，所有已知的人属骨骼化石都非常破碎，只有3~5厘米长。例如，"X女性"的指骨大约只有扁豆大小，重量不到40毫克。之所以这一遗址的大部分骨骼材料都是破碎的，主要原因是鬣狗等食肉动物的活动：鬣狗在洞穴中抚养幼崽并嚼碎骨头喂食。2008年以来，丹尼索瓦洞穴遗址发掘出了超过13.5万块骨头，但95%的骨头都因为过于破碎，而无法根据形态学特征来判断其所属物种。相比之下，这些碎骨中生物分子——包括构成DNA的分子——却保存得异常完好。迄今为止，科学家发现的两个保存最为完整的古人种基因组就来自于丹尼索瓦洞穴里的人骨化石。我们在想，有没有一种方法能从这些骨骼碎片中筛选出更多的人属骨骼？如果有的话，也许我们就能获取更多的DNA数据和测年数据，甚至还能发现隐藏在这个洞穴遗址里的新人种。就在那时，我们意识到ZooMS技术是开展这项筛选工作的不二之选。

ZooMS技术，也叫胶原蛋白肽质量指纹图谱，可以通过分析胶原蛋白（一种对骨骼、毛发和指甲形成至关重要的蛋白质），来确定碎骨的种属。胶原蛋白是由几百个被称为多肽的化

⊖ 指两位作者。——编者注

合物组成，在不同种类的动物身上，这些多肽的种类也有少许差异。将未知种属的骨头的肽段特征与已知种属动物的肽段特征库进行比较，就有可能对未知骨头进行正确鉴定，弄清楚它们在分类学意义上的科、属，有时甚至可以鉴定出它们属于哪个种。ZooMS 技术，最初是由目前在英国曼彻斯特大学的迈克尔·巴克利（Michael Buckley）和英国约克大学的马修·柯林斯（Matthew Collins）共同发明的。十余年来，这一技术一直被用来鉴定考古遗址出土的动物骨头的种属。ZooMS 技术相对便宜，分析每个样品的成本约为 5~10 美元，而且破坏程度极低——只需要 10~20 毫克的骨骼就能进行分析；ZooMS 技术的分析速度也很快，一个人一周就能筛选数百块骨骼样品。

据我们所知，当时还没有人用 ZooMS 技术来筛选人类骨头。但我们相信这值得尝试。根据我们的判断，即使是小碎骨可能也有用，因为在丹尼索瓦洞穴遗址中，年平均气温很低，在零摄氏度以下，所有骨头中的胶原蛋白和 DNA 都保存良好。但我们也清楚，仅利用 ZooMS 技术无法鉴定样本属于哪一个种。比如，人类和类人猿骨头胶原蛋白的多肽特征就因为太相似而无法区分。但在旧石器时代，没有类人猿曾在这一地区活动。因此，如果我们能鉴别出一块骨头属于包含类人猿和人类的人科，我们就可以相当肯定地说，它属于某种人类，然后开展后续的 DNA 分析，从而确定它属于哪个人种。

马普进化人类学研究所的古 DNA 专家斯万特·帕博也参加了 2014 年在丹尼索瓦洞穴的会议。帕博主持了尼安德特人基因组项目，其研究小组于 2010 年发表了丹尼索瓦人的基因组的测序结果。我们之前没有正式见过帕博，但很想知道他对筛选碎骨的想法有什么看法，以及他是否有兴趣就此开展合作。我们一拍即合，他立即给予了支持。随后，我们与俄罗斯科学院、主管丹尼索瓦洞穴遗址研究的阿纳托利·德列维扬科（Anatoly Derevyanko），以及此次发掘工作的负责人迈克尔·顺科夫（Michael Shunkov）讨论了我们的计划。他们两人都很感兴趣。同年晚些时候，我们便开始了取样，从该遗址最近发掘出来的、从哪个角度看都"无用"的骨骼中，采集了大约 3000 块小碎骨。

从理论上说，这项工作似乎很快就能做完。但实际上，我们面临的是一项大型工程：我们必须费力地从每块碎骨上抠出一小块样本进行分析，小心翼翼地避免使用任何有可能带来污染的材料来接触有潜在价值的样本。我的学生萨曼莎·布朗（Samantha Brown）将这个项目作为了她的硕士论文题目，并在牛津大学的实验室花费了很多时间，完成了大部分工作。

巴克利也在这个项目上与我们合作。当我们准备好了 700～800 个骨骼样本时，布朗就把它们送往巴克利的实验室进行分析。结果很有趣：样品中有猛犸象、鬣狗、马、驯鹿和披毛犀——典型的冰河时期动物，但遗憾的是，没有一个样品的多肽特征与人科相符。尽管结果令人失望，但我们还是决定再试一批样品，看能否从这一大堆碎骨中找到哪怕一块人骨。虽然没抱太大希望，但我们还是决定试试。

2015年夏天的一个晚上，我们收到了巴克利的一封电子邮件。他注意到，我们的一个样本——DC1227有着人科特有的多肽特征。我们终于找到了一块人类碎骨，真像是大海里捞着了针，我们为此欣喜若狂：疯狂的想法被验证了。

第二天一早，我们就去了牛津大学的实验室，在存档的标本中找到了样本DC1227对应的骨头。当看到那块碎骨时，我们有点失望，因为即使按照丹尼索瓦洞穴的标准，它也太小了，只有25毫米长，都可能不够后续研究。

但考虑到丹尼索瓦洞穴遗址出土的骨头中的生物分子保存得十分完好，我们认为这足以让我们使用其他技术从这块碎骨上获取更多信息。我们拍摄了骨头的高分辨率照片，对它进行了CT扫描，还钻取了一些粉末样品用于年代测定和同位素分析，然后布朗把这块骨头的剩余部分拿到帕博的实验室进行DNA分析。

几周后，测年结果出来了。样品中没有任何可追踪的碳-14，这意味着我们这块小骨头的年代已经超过5万年了。不久，帕博告诉我们，这块碎骨的线粒体DNA（位于细胞中制造能量的细胞器中，并由母亲传给孩子）表明，这块骨头的主人有一位尼安德特人妈妈。接着，帕博的团队计划从骨头中提取细胞核基因组，以获取更多信息。现在，这块人骨在该遗址中被命名为"丹尼索瓦11号"化石，我们也叫它"丹尼"。与此同时，我们决定在另一个遗址验证我们的方法。

灭绝，还是同化？

克罗地亚的凡迪亚洞穴（Vindija Cave）遗址是了解晚期尼安德特人在欧洲生活的关键。多年的碳-14测年结果表明，那里的尼安德特人可能一直存活到距今3万年前，这就为他们可能与解剖学意义上的现代人共同生活过提供了证据，后者在距今45000~42000年前到达该地区。这种长期的共同生活说明，尼安德特人并不是被现代智人灭绝，而是被同化了。在重新评估凡迪亚洞穴遗址的年表时，我们决定使用ZooMS技术鉴定该遗址中种属不明的骨头，这也许会带来一些有趣的发现。之前对较为完整的骨骼的研究表明，大部分骨骼（约85%）都属于洞熊。所以我们并不期待这里像丹尼索瓦洞穴一样，有着各种各样的动物骨骼。我的另一个学生卡拉·库比克（Cara Kubiak）承担了这个项目。

令人惊讶的是，在我们分析的350个样本中，第28个样本的多肽序列与人科一致。后来，帕博的团队确认了它的基因属于尼安德特人。这块碎骨约7厘米长，有趣的是，它上面有切割的痕迹和其他人类加工的迹象。尼安德特人的骨头有时带有这些痕迹，这很可能是杀戮和食人的证据。

这块编号为 Vi-28* 的骨骼，在我们的年代学工作中起到了关键作用。过去，考古学家和标本制作者会用保护性材料处理、保存凡迪亚洞穴遗址出土的骨骼。这种做法使得碳 -14 测年难以进行，因为这些保护性材料向骨骼中引入了外源碳。Vi-28* 骨骼之前被误认为动物骨骼，因此没有经过保护处理——这简直是对我们的恩赐。Vi-28* 骨骼的碳 -14 测年表明，它来源于 41000 年前的一名尼安德特人。这项研究发表于 2017 年，结合其他尼安德特人骨骼的测年结果，表明他们在 4 万多年前从凡迪亚地区（Vindijia）消失，早于现代人的到来。之前的年代测定结果认为，尼安德特人至少存活到了距今 3 万年前。这一种说法是错误的，原因是外源碳没有被完全清除，污染了样本。ZooMS 技术再次证明了它的价值。

其他研究团队利用这项技术上也取得了巨大成功。2016年，目前在丹麦自然历史博物馆工作的弗里多·威尔克（Frido Welker）和同事报道称，他们用 ZooMS 技术从法国勃艮第地区著名的"驯鹿洞穴"（Grotte du Renne）遗址中出土的种属不明的碎骨中，鉴定出了 28 块此前未被识别的人科骨骼化石。几十年前，在那里工作的研究人员就发现，尼安德特人的骨骼与一系列相当复杂的人工制品有关，包括骨制工具、吊坠和其他身体装饰品——这些元素属于所谓的"查特佩戎文化"（Châtelperronian culture），后者据说是位于旧石器时代中期和晚期之间的过渡时期。这一发现直接挑战了长期公认的观点，即只有智人才能创作出这些东西，并引发了一场旷日持久的争论：是尼安德特人创作了那些复杂的人工制品，还是该遗址的考古地层受到了某种扰乱，从而将早期地层中尼安德特人的骨骼和晚期地层中智人留下的人工制品混在了一起？

威尔克和同事用 ZooMS 技术鉴定出的 28 块人类碎骨，全都清晰无误地与复杂的人工制品和装饰品一样，来自同一地层。他们对这些骨骼进行了 DNA 测序，结果也十分明确：这些标本来自尼安德特人，而不是智人。这项研究有力地支持了这一观点，即尼安德特人确实创造了查特佩戎文化和其他过渡时期的手工业制品，所以说他们比我们之前认为的更聪明。

混血儿的发现

在凡迪亚洞穴遗址工作期间，我们还在继续分析丹尼索瓦洞穴遗址的样本，希望能找到更多的人类化石。我们又发现了两块人科碎骨，编号分别为 DC3573 和 DC3758，前者来自距今 5 万多年前的一个尼安德特人；后者则距今 46000 年前，但不幸的是，这个样本没有任何 DNA 保存下来。在丹尼索瓦洞穴出土的近 5000 块碎骨中，我们一共找到 5 块人科骨骼。如果不是 ZooMS 技术，这几块骨骼可能永远不为人所知。

但是，最令人兴奋的发现来了。2017 年 5 月，我们在马普进化人类学研究所会见了帕博实验室的资深成员，其中包括马蒂亚斯·迈耶（Matthias Meyer）和珍妮特·凯尔索（Janet Kelso）。我们想知道丹尼索瓦 11 号骨骼化石的研究进展，以及他们是否成功地提取了它的细胞核基因组，后者将提供更详细的信息，告诉我们丹尼索瓦 11 号到底是谁。

在科学界，"大新闻"可遇而不可求。但这次，迈耶和凯尔索就弄出了这样一个大新闻。他们说，丹尼索瓦 11 号的细胞核基因组很奇怪，有两个来源：一半属于尼安德特人，另一半属于丹尼索瓦人。他们就此认为丹尼索瓦 11 号是两种古人类的混血后裔。为了排除所有可能的错误，他们再次分析了样本来确认这个惊人的发现。几个月后，他们获得了最终数据，并证实了最初的发现。起初，线粒体 DNA 只提供了母系遗传信息。但细胞核 DNA 表明，我们发现的并不是一个尼安德特人，而是一位拥有尼安德特人母亲和丹尼索瓦人父亲的个体——用遗传学家的话说，丹尼索瓦 11 号是第一代混血儿。

DNA 分析告诉我们，丹尼索瓦 11 号是一名女性，生活在距今 9 万 ~ 10 万年前。我们在多伦多大学的同事本斯·维奥拉（Bence Viola）利用 CT 扫描分析了样本的骨密度，初步估计她的死亡年龄为至少 13 岁。她的丹尼索瓦人父亲，本就有一个几百代之前的尼安德特人远亲。当然，我们永远无法知道史前时期这些结合是怎么发生的，只知道它们确实发生了。我们也无从知道丹尼索瓦 11 号是如何死亡的，只知道她的遗骸可能是被一种食肉动物（可能是鬣狗）带入到洞穴，进入了沉积层。我们永远无从知道她是死后被亲人举办仪式埋葬、后来又被鬣狗抢食，还是被食肉动物夺去了生命。上万年来，她的一小片遗骸就静静地埋在洞穴里。如果不是最新的技术让我们得以讲述她的故事，她可能还要继续默默无闻下去。我们期待着 ZooMS 技术帮助我们解开更多像这样的骨骼中的秘密。

精神疾病的演化意义

————

达娜·史密斯（Dana G.Smith）
兰道夫·内赛（Randolph Nesse）
马　姣　译

　　将近五分之一的美国人患有精神疾病；我们当中大约有一半的人会在生命中的某个阶段被诊断出精神疾病。然而，精神疾病的发生可能与遗传缺陷或创伤事件并无关联。

　　亚利桑那州立大学生命科学教授兰道夫·内赛（Randolph Nesse），将精神疾病的高发病率归因于基因的自然选择，这种自然选择忽视了我们的情绪健康。更重要的是，这个自然选择的过程出现在现代城市生活所面临的独特压力发生之前的数千年，所以才导致我们当前的环境与之前所适应过的环境不匹配。

　　内赛在他的新书《给坏情绪一个好理由：进化精神病学前沿的见解》（*Good Reasons for Bad Feelings: Insights from the Frontier of*

Evolutionary Psychiatry）中，运用了进化医学的框架来说明，为何精神疾病在造成令人衰弱的后果后，仍然持续存在的原因。有些情况，如抑郁和焦虑，可能是由正常、有利的情绪发展而来的。而另外一些疾病，如精神分裂症或躁郁症（双相情感障碍），则是由基因突变导致的，这些基因突变可能有益于不太极端的性状表现。

《科学美国人》和内赛讨论了如何通过进化的视角去看待精神病学，从而为患者和临床医生提供帮助，以下是编辑采访实录。

您论文的很大一部分是讨论精神障碍的某些特征可能是有利的或带有适应性的，例如，情绪低落可能对人类有益。那您如何在正常的情绪波动和病理学之间划定界线？

你必须先了解各种特征的正常功能，不管是呕吐、咳嗽、发烧还是恶心，然后才能确定什么是正常、什么是异常。你从它的正常功能开始，去看在什么情况下它会有特定的优势。但是在很多情况下，自然选择已经形成了一种机制，即在人体不需要时还会表达出防御性，而且通常在这种情况下，情绪反应都是痛苦和不必要的。还有一类情绪虽然会让我们感觉不适，但其实有益于我们的基因。例如，很多性渴望（婚外情或单相思）对我们没有任何好处，但从长远来看，它们可能有利于我们的基因。

因此，并不是说这些人类的情绪有用，而是这些情绪中蕴含的能力很有用。控制情绪的调节系统是由自然选择决定的，所以有时它对我们自身有用，有时则是对我们的基因有用；有的情况中可能是人体自身调节系统发出了错误警报，有时则是我们的大脑出现问题。我们不应该一概而论，而应该对每位患者单独检查，并尝试了解发生了什么情况。

在书中，您认为情绪低落可能是有利的，并提出了两个不同的原因：情绪低落的一个潜在动机是让人们改变策略以逃避某种情况，另一个是让人们停止努力以保存精力。您如何调和这两个对立的理论？

显而易见，当有机体（不仅是人类）在消费自身的能量来追求目标、但无法取得进展时，最好是等待并放慢速度，不要浪费能量。然后，如果已经尝试去寻找新策略、但依然没有奏效时，就应该完全放弃这个目标。

当然，对于我们人类而言，追求的这个目标并不是总是果腹的食物。我们正在努力获取的是社会资源，而这异常得复杂，并伴随着竞争。放弃寻找婚姻伴侣或工作并非易事，我们不能直接放弃。这些情绪指导我们尝试把精力投入到将会行之有效的事情上，而不是那些行不通的事情。这并不意味着我们被情绪左右，而是说我们要尊重它们，并弄清楚它们暗示我们在生活中应该尝试去做的事情。

如果情绪低落是一种正常的应对机制，那么是不是不该用抗抑郁药对患者进行治疗？

总体而言，我认为进化心理学只是进化医学中的一个分支。

进化医学最实用的见解之一是，我们应该分析阻止每一个防御反应的成本和收益，无论是发烧、疼痛、恶心、呕吐、咳嗽还是疲劳。通常，由于"烟雾探测器"原则，我们可以安全地阻止这些情况的发生。这个原则是内赛（Nesse）的理论，即过度活跃的战斗或逃避反应都可能会引起错误警报，甚至引起焦虑症，但这其实要优于不活跃的情绪系统，因为后者无法为你发出危险的信号，并可能由此致命。

有人说过，因为我认为情绪低落可能有它的益处，所以我们不应该用药物治疗它。其实这恰好与我的观点背道而驰。因为你需要知道的是，情绪低落尽管是正常的，但通常对你也不会有帮助，那你就要尽可能地缓解它。

你在书中谈到了很多有关基因的内容，也谈到了我们在寻找抑郁症或精神分裂症基因方面的不足之处。你认为基因在精神疾病的进化模型中起什么作用？

我们应该将两种截然不同的疾病分开讨论。抑郁症是一种情绪障碍，是患者对特殊情况所做出的潜在地正常、有用的回应。在所有这些反应中，变异性和敏感程度受许多不同基因的影响。但另外还有一些疾病是严重的精神障碍，也是普通而古老的遗传病，如双相情感障碍（躁郁症）、自闭症和精神分裂症。它们是遗传性疾病，你会不会得这些病在很大程度上取决于你的基因。但是为什么一个强大的、可遗传的、能使人体适应性降低一半的性状没有被选择呢？我认为这是精神病学中最深奥的谜团之一。

这些比较严重的精神疾病的潜在好处是什么？这些疾病基因有什么其他用途？

对于双相情感障碍患者来说，后代数量不会有显著减少，所以在这些案例中没有太多的自然选择在起作用。而且如果双相情感障碍的人生出更多孩子该怎么办？那会发生什么呢？这种基因也将变得普遍。也许这样的事情已经发生了。也许我们许多人都有雄心勃勃和情绪波动消沉的倾向，这种情况可能对我们不利，但有时却会带来巨大的成功，并由此获得极大的生育成功。

然后是"悬崖边缘"效应，即某些症状可能会被推向非常接近峰值，而这种极端的状态恰巧接近于少数人群的适应性崩溃的程度。这可能是一种看待所有这些疾病的新视角，即在这些疾病中，我们有许多影响很小的基因。可能我们应该寻找的是基因在这个过程中的适应程度，而不是假设其中所涉及的基因都是异常的。

您希望患者或临床医生从阅读您的书中获得什么？

我发现我的许多患者如果被告知"你患有焦虑症"或者"你患有抑郁症"时，就觉得自己不正常。我和他们谈了一些焦虑的益处和低落情绪可能有意义的事实。它可能不仅仅是你内心出现了问题，还可能是你的情绪在试图告诉你一些事情。我认为这可能会使许多人感觉自己好一点吧。

农业可能塑造了人类的颌骨和语言

安妮·皮查 (Anne Pycha)
马 姣 译

语言学家通常认为，所有人的语言器官都是相同的。但是事实可能并非如此，实际上，你吃的东西可能会改变你的说话方式。

历史语言学领域的传统观点认为，自大约 20 万年前智人出现以来，人类的发声器官一直保持不变。所以，无论是古人类还是现代人类，都具有基本相同的发声能力。但是，最近来自古人类学领域的几项研究颠覆了这种传统的假设，研究认为人类的进食方式实际上改变了颌骨的解剖学结构。根据 2019 年 3 月发表在《科学》杂志上的研究，进食方式对我们的说话方式有深远的影响。

领导该研究的作者、苏黎世大学的达米安·布拉西（Damián Blasi）和史蒂芬·莫兰（Steven Moran）及其同事被化石证据所吸引，发现其展现了人类颌骨的形态在相对较晚的演化阶段发生了变化。在旧石器时代的狩猎采集者中，成年人的上下牙齿排列成一条平线，而且上排齿列在下排齿列的正上方。科学家认为，这种构造主要是咀嚼坚硬食物（例如未磨碎的谷物或种子）带来的牙齿磨损所致。然而，随着新石器时代以后农业的出现，上排齿列开始突出于下排齿列之上，这可能是由于食用柔软的食物（如粥和奶酪）从而降低了咀嚼的难度。

这些发现表明，文化转变促进了农业的兴起，也造成了人体解剖学上的一个转变。这似乎还引入了被称为唇齿音的新语音，例如"f"和"v"。布拉西和莫兰的研究表明，说明定居社会的典型食物最终使人类能够抬起下唇并使之与上牙接触，从而发出如"farro"和"verbalize"等词语。他们的研究小组使用两个不同的虚拟颌骨对发出这些音节的运动进行了生物力学模拟，以计算所涉及的肌肉力。结果表明，与突出的咬合方式相比，平坦的咬合方式需要花费更大的力气才能发出唇齿音。

语言学家已经证明，发音的力会影响音素的命运，因此布拉西和莫兰的小组推测，在平坦咬合的人群中，如旧石器时代的古人类，甚至是吃较硬食物的现代人，出现唇齿音的可能性较小。

为了检验这一假设，他们分析了全世界辅音字母的数据库，发现同时代狩猎采集者的语言中仅包含能生产食物的定居人群语言的一小部分唇齿音。当然，食品制备技术仅仅是实际咬合模式的一个代名词。为了使这种联系更加明确，研究人员分别分析了格陵兰、非洲南部和澳大利亚的狩猎采集者社群，其中都有明确的平坦咬合的记录。结果与他们的假设相符，在这些人群的语言中带有的唇齿音相对较少。而偶尔出现某些唇齿音时，通常是从其他语言中借用来的。

布拉西和莫兰的团队研究了印欧语系的发音随着时间推移而发生的变化，以此作为对他们论点的最后支撑。他们使用了一种称为随机字符映射的非传统技术，该技术可以计算在一个特定的时间点，一种语言中存在某个音节的数值概率。结果表明，在6000到4000年前的所有时期，印欧语系中几乎所有的语言分支都不太可能出现唇齿音。恰巧在这个阶段之后，也就是柔软食物被引入的时候，唇齿音出现的频率显著增加。

其中传达的关键信息，正如莫兰所言："我们不能想当然地认为现在的口语听起来与远古的声音一模一样。这尤其意味着，自人类出现以来，我们使用的语音集并不一定保持不变。更可能的情况是，我们现在发现的这种巨大的语音多样性，是涉及生物学变化和文化发展等复杂因素之间相互作用的产物。"

并非所有人都相信这项新研究提出的论点。以色列特拉维夫大学的赫什科维茨（Hershkovitz）指出，除牙齿磨损外，还有许多因素会影响咬合模式。而且，牙齿磨损是逐渐发生的，要等到成年后才会完全影响咬合。他说，鉴于史前狩猎采集者的预期寿命相对较短，这种解剖学特征似乎不太可能影响语言的发展。

对其他研究者而言，布拉西和莫兰的研究以及近年来的其他研究，都反映了历史语言学研究的一种范式转变。

"这篇论文重振了一个语言学家可能出于自然恐惧而放弃了的观点，因为这存在可能被解释为种族主义观念的危险——每当有人提议人群之间的解剖学差异在语言或认知的任何方面发挥作用时，就会出现这种危险。"加利福尼亚大学伯克利分校的安德鲁·加勒特（Andrew Garrett）说，"但是，现在有明确的证据表明，个体在解剖、生理和知觉上的差异确实在语言差异中发挥了一定的作用。"

是"垃圾 DNA"让人类与众不同吗？

———

扎克·佐里奇（Zach Zorich）
马　姣　译

　　从表面上看，黑猩猩与人类的区别显而易见。与我们亲缘关系最近的灵长类动物相比，人类穿着燕尾服时会显得更加华丽，也是更优雅的"溜冰运动员"。然而，从基因水平上来看，人类和其他灵长类动物其实非常相似。我们的 DNA 中包含用于制造蛋白质指令的部分（也即人体的基本组成部分）与其他灵长类动物相差不到 1%，不过蛋白质编码基因仅占我们基因组的一小部分。所以，人类与黑猩猩之间最大的差异在于基因之外的 DNA。

　　大约 2005 年，美国格莱斯顿研究所（Gladstone）和加州大学旧金山分校的生物统计学家凯瑟琳·波拉德（Katherine Pollard）对比了黑猩猩和人类的基因，并确定了人类基因组中独一无二的部分。现在，她领导的一个研究小组，正在探索这716个人类特有的DNA区域如何协同工作，从而创造出将我们与其他灵长类动物区分开的生物学特征。

这700多个DNA区域大部分都位于我们的基因之外，而波拉德的最新研究部分地揭示了其功能的奥秘。通过采用生物技术的新方法，加州大学旧金山分校的科学家能够改造成千上万的人类和黑猩猩的脑细胞，并测试这716个"人类加速区"（HARs）如何影响这两种物种的细胞发育。在此过程中，她的团队发现了治疗自闭症、精神分裂症和其他神经精神障碍的新靶点。⊖

自波拉德于2006年首次发表有关HARs的研究以来，解密其生物学功能的研究进展一直比较缓慢。当时，研究HARs的唯一选择是将单个HAR艰难地拼接到已受精的小鼠卵子DNA中，并在动物成熟后观察其对小鼠的作用。为了全面研究所有HARs影响人类生物学的方式，她需要一种更快的研究方法。

几年前，波拉德开始与遗传学家纳达夫·阿希图夫（Nadav Ahituv）合作，纳达夫·阿希图夫在加州大学旧金山分校经营独立实验室，他们致力于创造一种将人类和黑猩猩的皮肤细胞转化为多功能干细胞的方法，这种干细胞几乎有可能成为任何其他的细胞类型。该研究团队本可以选择诱使它们进入肝脏、心脏或骨细胞，但对于他们的首次HARs研究而言，那些影响

⊖ 这项研究已于2018年1月30日发布到预印本服务器（bioRxiv）。——编者注

物种最显著的智力特征的细胞成为其最合适的选择。波拉德和阿希图夫一次制造了数千个神经元，并将 HARs 中的 DNA 拼接到这些细胞中。接着他们研究了 HARs 在细胞发育的两个不同阶段中的作用。

他们发现，在这些 DNA 片段中，几乎有一半并不会自然出现在黑猩猩的基因组中，但其在生长的神经元中是具有活性的。然而，HARs 并不产生蛋白质，它们属于曾经被基因组科学家称为"垃圾 DNA"的一部分，且正在控制神经元基因产生的蛋白质数量。这个结果使阿希图夫十分惊讶："这是对所有基因序列的首次全面研究，结果显示，其中的 43% 可能在神经发育中发挥了实际的作用。"

根据波拉德的说法，黑猩猩的基因组中与 HARs 相似的部分在几百万年中根本没有变化，这与大多数动物这片 DNA 区域的情况几乎相同。她还指出，自然选择正在阻止动物基因组的这些部分发生变化，但是在大约 600 万年前，当我们的祖先与黑猩猩分离之时起，一定发生了一些用来缓解人类的演化压力的变化。"大多数 HARs 的变化如此之大，它们不仅获得了随机突变，而且携带这些突变的个体还产生了更多的后代。"波拉德说。究竟是什么造成了这种局面，依然是一个悬而未决的问题。如此多 HARs 参与神经元发育，这一事实表明，这种改变可能与智力的发展有关，这是一个极为复杂的特征，是人类基因组中数百次突变的产物。

然而，这些变化也带来了一些严重的负面影响。阿希图夫说："大多数'人类加速区'靠近与人类的特定疾病（例如自闭症、精神分裂症等）相关的基因附近。"这个结果表明这些疾病不是由大脑发育基因本身引起的，而是由"人类加速区"调节这些基因的方式引起的。波拉德和阿希图夫的部分研究专注于破译7个不同的"人类加速区"中的每个区域的单独突变如何改变基因的活性。

研究小组发现单独突变会增加或减少基因生产的蛋白质数量。实际上，自然选择会对基因的表达方式进行微调，因为过多或过少的特定蛋白质都会引起问题。在自闭症中，波拉德解释说，"基因组不同部分的许多突变聚集在一起，这些突变在发生微小的变化，所有这些变化加在一起，使一个人超过了我们可以认为他患有自闭症的阈值。"她还补充道："我们其他人也都有其中的一部分突变，但它们恰好低于引发自闭症的阈值。"

本研究中波拉德和阿希图夫所使用的实验方法，或许能够向医学研究人员展示基因组的哪些部分是新疗法的目标。德克萨斯大学西南医学中心的自闭症研究者玛丽亚·查鲁尔（Maria Chahrour），并未参与这项研究工作，但她试图了解自闭症是如何在基因组中表现，正面临这个问题。她说："我们正在进行大量的全基因组测序，以识别基因组非编码区的许多变异。现在，如果我们在这些"人类加速区"（HARs）发现疾病变异，我们不会对它们视而不见。"

波拉德和阿希图夫已从美国国立卫生研究院（National Institutes of Health）获得资助，用于研究 HARs 对大脑演化的贡献及其在疾病中的作用。他们还将研究这些基因组片段如何参与精子和其他类型细胞的发育。同时，这种检验数千个细胞中基因组的非编码区域的能力可以提供有力方法，帮助解决有关人类以及其他生物的基因组的各种问题。在了解引发现代人演化的遗传变化方面，它也可能是仅次于时间机器的最佳选择。波拉德说："我们永远不会真实地看到在人类的演化历史中到底发生了什么，但是我们能够在实验室中重现过去并评估其功能。"

大脑脂肪或有助于促进人类智力发育

安德里亚·阿尔法诺（Andrea Alfano）

马 姣 译

忘记这个侮辱性极强的 "fathead"[⊖]吧！。事实上，人类卓越的智慧很可能就要归功于我们大脑中的脂肪。2015 年 2 月份发表在《神经元》（*Neuron*）科学期刊上的一项研究表明，人类大脑中负责语言等高级认知功能的大脑区域的新皮层中所发现的各种脂肪分子，在人猿分离后以极快的速度演化。

研究人员从人类、黑猩猩、猕猴和小鼠的大脑、肾脏和肌肉组织中提取出来 5713 个样本，分析了它们的脂质或脂肪分子及其衍生物的浓度。脂质在所有的细胞中均具有多种关键功能，比

⊖ fathead 意为贬义极强的 "笨蛋、傻瓜"，该词由 fat "脂肪" 和 head "头" 两个词组合而成。——译者注

如其是细胞膜的主要成分。脂质在大脑中尤为重要，因为它们可以在神经元之间传递电信号。在这项研究之前，我们还不清楚人脑中的脂质是否与其他哺乳动物的有显著不同。

研究小组发现，在诸多人脑样本中，从新皮层中发现的各种脂质水平尤为突出。进化论的多重证据表明，人类和黑猩猩大约在同一时间与其共同祖先分离。来自德国马普进化人类学研究所的计算生物学家兼研究负责人卡西亚·博泽克（Kasia Bozek）解释道："由于二者具有大约相同的时间来累积脂质谱的变化，研究人员期望它们的物种特异性脂质浓度大致相同"。事实上，人与黑猩猩小脑中的脂质变化是较为类似的，因为小脑是所有脊椎动物的大脑中都相似的原始部分。但是自从人类和黑猩猩与其共同祖先分离以后，人类的大脑新皮层累积的脂质变化大约是黑猩猩皮层脂质变化的 3 倍。

这个结果表明，随着人类认知的发展，大脑关键区域的脂肪类型和数量正在快速演化和变异——这种增长对于我们复杂能力的发展至关重要。研究人员解释说道，基因通常是最受关注的，但它们只是演化故事的一部分。例如，由单个基因编码的酶可以调节许多不同脂质的合成。埃默里大学的神经科学家托德·普鲁斯（Todd Preuss），专门研究人脑的演化，他指出："这项研究的意义在于，我们将看到更多有关大分子浓度的比较研究，例如蛋白质和脂质的差异，这些研究将揭示一些我们无法直接从基因组中解读出来的信息。"他还说："了解到脂质在人类智力的发展中起着至关重要的作用，当前研究揭示的还只是'巨大冰山的一角'"。